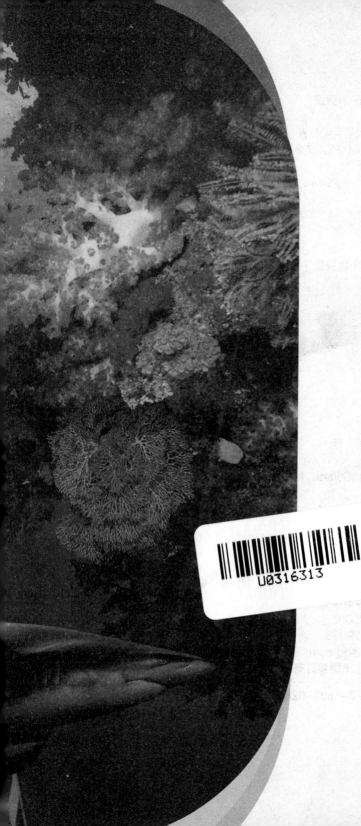

神秘的海洋

全新知识大揭秘

于 雷◎编写

吉林出版集团股份有限公司
全国百佳图书出版单位

图书在版编目（CIP）数据

神秘的海洋 / 于雷编. –– 长春：吉林出版集团
股份有限公司, 2019.11（2023.7重印）
（全新知识大揭秘）
ISBN 978-7-5581-6284-8

Ⅰ.①神… Ⅱ.①于… Ⅲ.①海洋学 – 少儿读物
Ⅳ.①P7-49

中国版本图书馆CIP数据核字（2019）第003242号

神秘的海洋
SHENMI DE HAIYANG

编　　写	于　雷	
策　　划	曹　恒	
责任编辑	林　丽　赵　萍	
封面设计	吕宜昌	
开　　本	710mm×1000mm　1/16	
字　　数	100千	
印　　张	10	
版　　次	2019年12月第1版	
印　　次	2023年7月第2次印刷	

出　　版	吉林出版集团股份有限公司
发　　行	吉林出版集团股份有限公司
地　　址	吉林省长春市福祉大路5788号
	邮编：130000
电　　话	0431-81629968
邮　　箱	11915286@qq.com
印　　刷	三河市金兆印刷装订有限公司

书　　号	ISBN 978-7-5581-6284-8
定　　价	45.80元

在我们居住的地球上，有连绵起伏的峰峦，有一望无垠的草原，更有平畴万顷的田野。但是，无论怎样巨大的陆地，对地球表面来说仅仅是座岛屿。

地球有将近 71% 的表面积被碧波荡漾的海洋所覆盖。浩瀚无际的海洋，像一架巨大无比、四通八达的桥梁，把全世界的每一片陆地连接起来。它不仅是人类进行贸易和文化交流的通衢大道，而且也是一座丰富的资源宝库。

辽阔浩瀚的海洋，就像一座奇异的"水晶宫"，自古以来，引起人们无数的猜测和遐想。

远在 1520 年，航海家麦哲伦曾经用测深绳探测太平洋附近群岛的深度。后来，人们利用回声测深仪探测水深，不但准确，而且迅速：1 万米深的海洋，声波往返一次不到 14 秒钟，并能自动记录海底土质、形状等情况。

海洋在地球上所占的空间十分广大。根据科学计算，地球表面的总面积为 5.1 亿平方千米，海洋占 3.61 亿平方千米，相当于地球表面积的 71%，而陆地面积（包括江河湖泊面积）为 1.49 亿平方千米，只占地表总面积的 29%。海水的总体积有 13.7 亿立方千米，平均深度为 3800 米。现在已知世界上最深处是太平洋西部的马里亚纳海沟，深度为 11 034 米，而陆地平均高度为840 米，世界最高的珠穆朗玛峰也只有 8848.86 米。换句话说，假如地球是平坦的球面，那么，地球就要覆盖一层深达 2700 多米的海水，整个地球表面将是一片汪洋。

海洋是地球上广阔连续水体的总称。海和洋是两个不同的概念，但又不能截然分开。海与洋互相沟通，组成了统一的世界大洋。洋是海洋的主体——中心部分，面积广阔，彼此相连，深度较大，有独立的潮汐和海流系统，温度、盐度不受大陆影响，透明度大，比较稳定；而海是洋的边缘部分，面积较小，深度较浅，邻近大陆，水文气象要素除受大洋的影响外，还受相邻大陆的影响，有显著的季节变化。

MULU 目录

目录 MULU

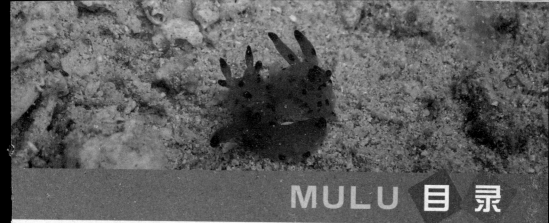

MULU 目录

目 录 MULU

第二章　善待海洋 保护自己

第一章
掀开海洋的面纱 奥秘无穷

深邃的海底，神秘莫测。以前，人们对深水洋底了解得很少，以为那是一片平坦、单调、古老而寂静的世界。然而，大量的调查表明，它的年龄要比大陆年轻得多，地形比大陆复杂，而且它所呈现的许多景象，是大陆上都未必能够找到的。

变幻无穷的海水颜色

1921年，在地中海的一条客船上，一个男孩问妈妈："大海为什么是蓝色的？"母亲一时语塞，求助的目光正好遇上印度科学家拉曼，拉曼告诉男孩："海水呈蓝色，是因为它反射了天空的颜色。"

此前，几乎大家都认可这一解释。但稚童那不断涌现的"为什么"，使拉曼深感愧疚。

拉曼回国后，立即着手研究海水为什么是蓝色的，发现先前英国物理学家瑞利的解释令人难以信服。他从光线散射与水分子相互作用入手，运用爱因斯坦等的涨落理论，获得了光线穿过净水、冰块及其他材料时散射现象的充分数据，证明出水分子对光线的散射使海水显出蓝色的原理。他进而又在固体、液体和气体中，分别发现了一种普遍存在的光散射效应，被人们统称为"拉曼效应"，为20世

拉曼效应

拉曼效应(Raman scattering)，也称拉曼散射，1928年由印度物理学家拉曼发现，指光波在被散射后频率发生变化的现象。1930年诺贝尔物理学奖授予当时正在印度加尔各答大学工作的拉曼(Chandrasekhara Venkata Raman，1888—1970)，以表彰他研究了光的散射和发现了以他的名字命名的定律。

纪初科学界最终接受光的粒子性学说提供了有力的证据。地中海轮船上那个男孩的问号，把拉曼领上了诺贝尔物理学奖的奖台。

其实，海水的颜色并非固定不变，而是变幻无穷的。

一般人总以为晴天的海是浅蓝色，阴天的海是暗色。实际上，阴天的海比晴天的海更明亮。

海的颜色与人的视力方向也有关。垂直向下看，海是黑色，从海面上看，海是白色而闪闪发光。

海的颜色与自然环境也有关。晴天起风浪时，海面明暗差别大，阴天却变化小。海的颜色与环境污染关系更大。晴朗的中午，赤道处400米下的海水，相当于星光下的海面亮度。但在港口等被污染的地方，15米以下的海水就看不见东西了。

五彩缤纷的海

从我国海南岛榆林港登船起航，一夜工夫就到了西沙群岛的海面。这里的早晨真美！太阳像一个巨大的火球，徐徐燃烧，慢慢上升，顷刻间，千万道五彩缤纷的灿烂霞光从天空照射下来，使整个海面镀上了一层金色。随着太阳的升高，霞光消失了，海水变得更清更蓝，像一块透明的巨大玻璃。对海俯视，可看到二三十米的深处，浅海海底五颜六色的珊瑚娇姿多态，各种各样披着"花衣裳"的鱼类在珊瑚丛中悠闲嬉戏，煞是新奇，真像一座巨大的"海底公园"。

　　隔着厚厚的海水，能看得这样清楚，真让人感到莫解。科学家说，这是由于海水的透明度大造成的。我国沿海海水的透明度以西沙海域最大，在20～30米之间，渤海的透明度最小，只有3米左右，东海透明度为5～10米。

　　与此相反，有些海不但不清澈见底，而且还"涂"上了各种色彩。位于我国渤海与东海之间的黄海，由于受黄河浑浊泥沙的影响，使海水变成了黄色，被人称为"黄海"。位于非洲和阿拉伯半岛之间的红海，由于海里生长着一种红色的藻类，当这些藻类大量繁殖的时候，水的颜色也随之变红，所以成了"红海"。位于俄罗斯和土耳其之间的黑海，由于海底积聚着大量黑色的污泥，从水面向海底望去，呈现一片黑色，再加上海上常常风大浪急，就被人们取名为"黑海"了。

神秘莫测的海上"光轮"

海洋是个奇妙的世界，虽然人们已经揭开了许多海洋的奥秘，但还有很多问题有待于人们去解答。海上"光轮"之谜就是其中之一。

1880年5月的一个夜晚，"帕特纳"号轮船正在波斯湾海面上航行，突然，船的两侧各出现了一个直径500～600米的巨大"光轮"，在海面上围绕着自己的中心旋转着，跟随着轮船前进，几乎擦到了船边。

1848 年，在英国某协会举行的一次会议上，有人曾宣读了一艘船只的航行报告。报告中讲到了两个"海上光轮"，向该船旋转而来，靠近该船时，船只的桅杆倒了，随后又散发出一股强烈的硫黄气味。船员们把这种奇怪的"海上光轮"叫作"燃烧着的砂轮"。

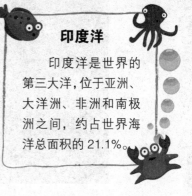

印度洋

印度洋是世界的第三大洋，位于亚洲、大洋洲、非洲和南极洲之间，约占世界海洋总面积的 21.1%。

有趣的是，"海上光轮"的大部分目睹者都是在印度洋或印度洋的临近海区，其他海区鲜有发生。

对于这种奇怪现象，人们做了各种推论和假设。有人认为，航船上的桅杆、吊索等的结合可能产生旋转的光圈；海洋中的浮游生物也会引起美丽的海上发光；两种海浪的互相干扰还会使发光的海洋浮游生物产生一种运动，也可能产生旋转的"光圈"……可是，这些假设似乎都不能解释那些并不是在海洋表面，而是在海平面之上的空中出现的"光轮"现象。

总之，海上神秘的"光轮"至今还是个谜，需要海洋工作者和科学家做大量的调查工作，收集更多、更新的证据，以便早日解开这个谜。

凹凸不平的海平面

"海" 与 "洋" 是两个不同的概念，但又不能截然分开。从地理学角度讲，海小于洋，只是洋的一部分。

通常认为，大洋表面应是一个平坦的旋转椭球面，并且把海平面作为地球各处高度计量的基准。实际上，它一刻也不 "平"。潮汐是大家熟知的一种水位变化，它是由引力引起的。除此以外，还有一些原因会引起水位变化。

风：离岸风使水位降低，向岸风使水位增高，如台风往往引起水位陡涨。

气压变化：气压升高水位下降，气压下降水位升高，如巴伦支海东南部气压静压效应平均使水位上升60厘米。

长波作用：长波作用引起的水位变化是由气压效应衍生的，在圣彼得堡沿海有时可达5米。

非均衡水循环过程：非均衡水循环过程主要指蒸发、降水等，这些因素的变化能引起水位变化。

海水密度变化：密度增加时水位下降，密度下降时水位上升，而密度随水的温度和盐度变化而变化。

人类经济活动：由于工农业和生活用水，使海水水位下降。

冰川进退：气候变冷时，冰川扩大，海面下降；气候转暖，冰川融化，海面上升。目前海平面平均每年约上升 3.1 毫米。

海啸：1960 年智利的一次巨大海啸，海水先是迅速下降，不久骤涨，冲垮了沿岸的所有房屋、设施。

洋与海

远离大陆而且面积广阔的水域称作洋。一般是从大陆坡到海洋盆地都属于洋的范围，占海洋总面积的 89%。洋的深度大，通常在 2000 ～ 3000 米。靠近大陆、深度较浅的水域称作海。海占据的面积要比洋小得多，仅占海洋总面积的 11%。深度一般在 2000 米以内，有的甚至只有几十米。

光怪陆离的海火

就像陆地上有萤火虫一样，海洋里也有能够发光的生物，而且种类更为繁多。生活在汪洋大海里的细菌、甲藻、放射虫、水母、头足类软体动物（乌贼、章鱼）、鱼类等等，都有不少是能够放光的。

要是你有较多的机会泛海远行，那么，一种叫"夜光虫"的小动物，对于你就可能不是生客了。这种动物还没有菜籽大。在夜晚，它们大量群集，就会使广阔的海域闪闪发光，蔚为壮观。

要是你有机会乘坐着潜水艇，下沉到不见天日的深渊去探险的话，你还会发现一些千奇百怪、五颜六色的发光的鱼类和头足类，在你的周围游来游去呢！

当然，同这种光怪陆离的海洋生物发光现象打交道最多的，无疑是渔民、海员和水兵了。他们还给这些发光的现象起了一个名字——"海火"。

生物学家也在观测着"海火"，并进行实验研究，以便深入揭露它的奥秘，来为生产实践服务。

　　像许多自然现象一样，"海火"对人既有利，又不利。比如，要是当时有"海火"，在海上夜渔的渔民就可以借着"海火"的便利去追捕游动的鱼群，哪怕这些鱼本身是不发光的。但是，另一方面，拖动的渔网也将因为有了"海火"使渔网暴露出来，这样就可能把鱼吓跑。又如对于夜航的海船，"海火"有时能够帮助海员辨认航道，而有时却又分散海员的注意力，甚至使他们产生幻觉。只有深入研究"海火"，我们才有可能充分利用它对人有利的一面，并设法克服它对人不利的一面。

鱼光灿烂

生活在海洋深处的鱼类,怎样在极其暗淡的光线下识别同类、寻找配偶和觅食呢?

原来,许多鱼类都有发光的本领。不同的鱼类,发出标志不同的亮光;靠着这些亮光,在同一鱼类中可以互相传递信息,并诱骗其他鱼类作牺牲品,或者用以摆脱捕食者。因此,发光是深海鱼类赖以生存的重要手段之一。

有人发现,在大海的某些深度区,95%的鱼类都能够随时把光发射出去,有的甚至能够连续发光。在茫茫的海面上,也常常可以看到发光的鱼群及其他海上生物,把一片水域照亮。

身子薄如刀刃的斧头鱼,虽然身长不过5厘米,但发光物几乎遍布全身,发光的时候,光芒能把整条鱼的轮廓勾画出来。鱼身下部的光既集中又明亮,仿佛插着一排小蜡烛。在海洋深处,有一种名叫鮟鱇的雌鱼,在它的口里长着一条柔韧的长丝,活像一条小小的钓鱼竿,这条长丝的末端能够发出光来,在黑暗的深海中宛如一盏明灯。鮟鱇鱼就是靠着这根长丝来诱捕小鱼的。当小鱼在黑暗中发现这盏"灯"时,往往出于好奇而游上前去,于是,鮟鱇鱼便把"灯"收拢到自己的口内,并张开大口来等候小鱼自投罗网。

深海里的"浮云"

浮云，飘浮于空中的云。这种令人莫测的海洋现象，早在20世纪30年代末期就被人们发现了。各国的海军军舰，先后发现在海面下几百米深的地方，有一种能够干扰高频声波的"浮云"，它既不是鱼群，也不是敌人的潜水艇。

第二次世界大战期间，科学家在靠近美国加利福尼亚州沿岸接近太平洋海域下三四百米深处，也经常遇到绵亘几百平方千米的"浮云"，有关科学工作者和海洋学家决定探索它的奥秘。

1942年，三位美国科学家开始对这种奇怪现象进行研究。由于当时对这层"浮云"的情况知道得太少，便用他们三个人名字的第一个字母作为它的代号，从此学术界就称它为"ECR层"。1945年，美国加利福尼亚州斯克利普海洋学研究所的海洋生物学者马丁·约翰逊发现了"浮云"在夜里会向浅层上升，白天却向深层下降。不久，又发现了这种"浮云"在任何地区的深海里都有。最令人不解的是，深海"浮云"经常分成两层，在清晨形成第一层以后，大约经过20分钟，下面又形成了第二层。后来，科学家又发现，除有上下升降移动的"浮云"，在一定深度的水层里，还有一种稳定不动也能干扰声波的"云层"。现在人们已把这种奇怪的"云层"，改称为"干扰声波的深水层"。

海洋的"脉搏"

大海的波涛，像人的脉搏一样不停地运动着。千百年来，人类在与海浪的搏斗中，虽然积累了丰富的经验，但是，要准确地测出海洋的"脉搏"，战胜海浪，仍然是一件较为困难的事。

海洋波浪主要是风力作用下的海水往复运动。这种运动产生巨大的能量，它影响着在其周围海区作业和航行的船舶。据计算，当海浪的平均波高 3 米、周期 7 秒时，每平方米的海面上将产生 63 千瓦的功率。这时，在海上作业的石油钻井平台就不能升降或转移，不然就有颠覆的危险。有些吨位大、抗浪力强的船只，虽然不会被浪涌吞没，但它在浪涌中航行，能源的消耗也将增加。为此，海浪预报部门专门为海上石油钻探、远洋船的运输等部门做出特殊的预报，帮助他们选择节能而又安全的航线。

海浪预报

海浪预报，早在第二次世界大战期间就已开始。当时，主要用文字形式传递，供海军部门使用。由于文字预报不可能准确地描述海浪的波高变化及区域范围，所起作用不大。因而，20 世纪60 年代中期，美国海军首先使用传真手段发布海浪图。接着，英国、法国、苏联、日本等国也相继开展这一预报服务项目。

波浪的周期对船舶也是一大危害。各种不同周期的海洋波浪产生不同的振动频率。每条航行中的船舶也都有一定的自振频率。当船舶的自振频率与海浪的振动频率相一致或接近时，就会出现共振现象，共振现象对音乐来说，是一种有益的现象，而在这里出现，则将使船体破裂，甚至沉没。因此，在作海浪预报时，一般都同时

报出海浪周期，使各种船只避开可能的共振区域。

我国的海浪预报工作，早在20世纪60年代就已开始。当时主要向国内的交通、渔业、石油勘探、国防等部门的海上作业提供海浪情报。后来使用无线电传真手段向国内外播发海浪图。

海洋里的"河流"

河流是沿地表线形凹槽集中的经常性或周期性水流。较大的叫河（或江），较小的叫溪。其补给来源有雨水、冰雪融水和地下水等。在海洋里也有"河流"。

在浩渺的海洋里，有一些沿一定方向流动的大规模水流，就像滔滔不绝的"河流"。这些"河流"在海洋学里称之为"洋流"。那么，这些洋流是怎样形成的呢？

风是海水流动的主要动力。由于海水的连续性，一个地方的海水被"吹"走了，邻近的海水必然流来补充，因此形成了表层洋流和深层洋流。比如说，热带洋面上几乎终年吹着从东向西的

　　"信风"，使大量海水沿"信风"方向流动，结果就产生了东西方向的赤道洋流。此外，地球的自转、大陆轮廓和岛屿分布以及海底地貌等，都与洋流的形成有密切的关系。

　　洋流有暖流和寒流之分。如果洋流的温度比它流经区域的水温高，那就是暖流，否则就是寒流。暖流所具有的热量是非常惊人的。欧洲西北部的斯堪的纳维亚半岛和冰岛在北纬60度以上，已接近北极圈，可是，那里的气温却比较温暖，这就是洋流的功绩了。又如英国北部的格拉斯哥，其纬度比我国黑龙江地区还要偏北，但它1月份的平均气温却为4.2℃，相当于我国杭州的气温。洋流的动力资源也是引人瞩目的。就拿我国台湾地区东部的"台湾暖流"来说，它的流量相当于1000条长江，几乎等于全世界河流总流量的20倍之巨。

世界大洋中最强大的暖流

墨西哥湾暖流是世界大洋中最强大的一股暖流，它比亚洲东海岸的台湾暖流更为强大，影响更深远。

墨西哥湾暖流沿美国东海岸北上至哈特勒斯角后，转向东北而与北美洲海岸远离，浩浩荡荡向欧洲西北流去，它的主流穿过挪威海流入北冰洋。

墨西哥湾暖流又称北大西洋暖流或简称"湾流"，对濒临大西洋的北美、西欧和北欧大陆的气候起着巨大的调节作用。它流经加勒比海和墨西哥湾内的时间较长，由于低纬度强烈的日照和周围大陆高温的影响，水温不断上升。

根据科学家计算，墨西哥湾暖流每年给挪威的热量，如用来发电，将产生巨大的电能。以石油作燃料生产这么大量的电能，必须每分钟有一艘10万吨级的油船来加油。

墨西哥湾暖流的含盐量大，水色较浓，欧洲许多有经验的渔民用自己的眼睛就能分辨出暖流的范围。墨西哥湾暖流与拉布拉多寒流相汇时，两者的交界线很分明，在交界线的海面上经常存在着一

条带状的海雾。一般航海者把这一海域视为畏途。

　　墨西哥湾暖流的规模巨大。它宽 60～80 千米，厚 700 米，总流量比世界上第二条大洋流——北太平洋上的黑潮要大近 1 倍，比陆地上所有河流的总流量要超出 80 倍。若与我国的河流相比，大约相当于长江流量的 2600 倍、黄河的 5.7 万倍！

偌大的海洋涡旋

20世纪以来，就有上百架飞机，400多条船，连同2000名左右的飞机驾驶员、船员和乘客在魔鬼三角失踪。

1973年，美、英等国曾在魔鬼三角进行"大洋中部动力学实验"。1977年，美国和苏联等国又在这里进行了"多边形洋中动力学实验"。

过去，海洋学家一直认为主宰海洋的是大洋环流。1959年，英国物理学家约翰·斯沃洛在北大西洋使用一种能够稳定在一定水深的中性浮子，出人意外地发现了一个涡旋，它的流速竟比预料的大10倍！翌年，"阿里斯"号调查船在一个流速为1厘米/秒的海流上，

居然发现一个流速为 10 厘米 / 秒的涡旋。后来，还发现一个流速为 70 米 / 秒的涡旋。

大洋里的涡旋又称旋涡。它的规模很大，空间规模可达几百千米，持续时间达几个月。科学家把它叫"中尺度涡旋"。

中尺度涡旋的发现，引起了世界海洋学家的广泛重视。它凌驾于大洋环流之上，成为海洋学家的主要调查对象。

涡旋的能量几乎占整个大洋平均流速所具有的能量的 99%。它左右着大洋环流的变化，制约着海洋上许许多多自然现象的发生和发展。

逆时针旋转的涡旋能由下而上地把底层的冷水带到海面，这就是冷涡旋；顺时针旋转的涡旋，能由上而下地把海面的暖水带至海底，这称为热涡旋。冷涡旋会把幼鱼冻死，热涡旋又会影响海洋鱼类的洄游，甚至整个海洋生物的分布和捕捞。

"魔鬼三角"

北大西洋中的百慕大三角，位于美国的佛罗里达半岛南端到波多黎各岛和百慕大群岛之间。这三处地方形成一个三角形海区，三角形各边长约 2000 千米，海面异常辽阔。这个百慕大三角海区，被人们称为"魔鬼三角"。

海面下的浪——潜浪

海洋里的海水，时时刻刻都是在运动着的。大家通常看到的是波浪。

波浪是因风而起的海水垂直运动。波浪此起彼伏，看起来好像是在移动，其实不然，波浪运动只是一种垂直的上下运动而已。这是人们能够看到的海面上的浪，还有一种海浪却是看不到的潜浪。

人们对海啸和台风造成的巨浪，都感到惊心动魄。其实，最厉害的海浪并不是海底地震所引起的海啸，也不是台风造成的巨浪，而是一种运动混乱的海浪。这种宽192千米向下延伸99米的海浪，称为潜浪。它存在于海面之下，在海的内部两层海水之间运动，因而这种巨大又不平常的现象，以前从未引起人们注意。

根据《纽约时报》记载，一艘有8个锚的埃克松公司钻探船，在孟加拉湾由于下面有潜浪通过，使它突然转过90度，并移动了30米。据科学家们推测，这些潜浪的巨大力量可能就是过去某些潜艇神秘失踪的原因。

令人吃惊的是，潜浪产生的强大运动在水面上看不出来。潜浪往往成群地出现，有4～8个波浪，相隔距离为8～9.6千米。前导的波浪常常是很大的，后继的波浪较小，相隔的距离较近，显示出异常的一致性。这一情况是一艘勘测船对一个潜浪经过整整两天，跟踪400千米勘测的结果。

大洋底下的火山

1957 年 9 月 27 日，
亚速尔群岛的法亚尔岛上的居民发现了
一种奇怪的海浪，接着，他们看到水中升起一根巨大的蒸气柱。之后，
强大的震动开始震撼这个岛屿。被称作卡皮利纽斯的水下火山就这
样爆发了。

仅在一昼夜之间，在原来水深 50 米的地方，由固体的火山喷
出物在海面上形成一个山丘。到第 8 天，这块新的陆地已高出水面
150 米。但是火山口还在海平面以下。火山喷发处的地壳还在"喘
息"，使新形成的岛屿随之上起下落。到第 81 天，火山口的活动露
到海平面以上来了。从火山口向海里流出了一条条熔岩的火河。

我们对于水下火山的爆发了解得很少，因为它们被厚厚的水层
掩盖着。我们只有根据海面上出现的漂动的浮岩才知道它的存在。

从 17 世纪到 19 世纪，在亚速尔群岛至少观察到 7 次火山爆发，
并由此形成了新的岛屿。但是，由于它们是由火山爆发而产生的疏
松物质构成的，所以不能抵抗凶猛的海浪的冲击。

在海洋里，除了活火山外，还有死火山，并且在海
底形成"舞池"。原来，在几亿年以前，浩瀚的大
洋中有许许多多露出海面的火山，它们的顶部
多半由松散或柔软的熔岩构成。随着岁月
的消逝，潮汐、波浪、海流、涡旋和飓
风等，就像一把巨大的锉刀，从山

巅开始，一点点，一层层地把那些熔岩往下"削"，结果，就在海底出现了一座座无顶的山，它的上面便成了一个浑圆、光滑、平整的大型广场。

海底的温泉

据统计，我国有 2000 多处温泉，是世界上温泉最多的国家。温泉有低温（20～40℃）、中温（40～60℃）、高温（60℃以上）之分，还有超过 100℃ 的过热泉。按其性质而言，有单纯泉、硫黄泉、碳酸泉、食盐泉、碱泉和放射性泉等多种类型。

海底也和陆地上一样有温泉。源源不断地从海底冒出来的温度较高的泉水，就是海底温泉。随着海洋调查研究的深入和发展，海洋地球化学家开展了海底温泉方面的研究工作，这是海洋地球化学领域的一项重大突破。

海底温泉最引人注目的是出口附近栖居着罕见的生物群落，

它们的成员有蛤、贻贝、笠贝，还有须腕动物、蠕虫和蟹等，构成了海底世界又一迷人的奇观。

现已发现，海底温泉的"故乡"是微地震十分活跃的扩张脊及断裂带。海底热液含有各种微量元素，与周围海水及岩石会发生一系列复杂的反应，形成重晶石、蛋白石和火山碎屑构成的稀有水下

岩石。目前，对热液反应的研究仅仅是开始，今后仍需继续用调查船和深海潜艇，在几个主要的构造带上寻找其他海底热液的位置和进行取样分析。要全面评价热液循环及影响，就需要研究速张海脊、慢张海脊和断裂带。通过对同位素和成分的研究，来确定热液成分，从而提高我们对目前陆地矿床形成过程的认识。

海洋里的大瀑布

浩瀚无际的海洋，掩盖着地球表面近 3/4 的面积。在这辽阔的海洋底部，究竟是一个怎样的世界？

大洋的洋底千姿百态，而且洋底之上庞大水体的奇观异景更是雄伟壮观。据报道，在格陵兰和苏格兰之间的诸岛附近，发现了一处海洋里的大瀑布，使地球大陆上最为著名的瀑布也望尘莫及。

世界上最高的瀑布是安赫尔瀑布。它藏身于南美洲委内瑞拉、圭亚那高原密林中，宽 150 米，落差达 979.6 米。世界上最宽的瀑布，要数南美洲的伊瓜苏瀑布。它位于巴西和阿根廷界河伊瓜苏河下游河段，水流呈半环状，从高原边缘飞泻下来，落差为

60 ～ 82 米，宽度可达 4000 米。世界上流量最大的瀑布，也是伊瓜苏瀑布。瀑布口流量达 1.33 万米³/秒，最大流量可达 5 万米³/秒！

而海洋里的这一处大瀑布，是北冰洋的冷水急流，从 3000 米的高度上直泻下来倾入大西洋。科学家研究了这一瀑布的容积，估计在 15 万立方千米以上，对整个大西洋起着非常重要的作用。至于"瀑布"的成因，人们还不甚清楚。但是，大家知道，北冰洋的水冷流急，水温低，密度大，在与大西洋的交界处，遇到了陡峭的障碍物，飞越而过的海水急剧下沉。这可能是海洋瀑布形成的主要原因。下沉的海水氧含量高，使大西洋的深层海水不断得到更新。

大陆架与大陆坡

天涯海角是大陆的边缘吗?

从水陆的分界来说,海岸线是大陆的边缘了,但从地貌的角度来说,大陆边缘远不限于此。在海面以下,大陆仍以极为和缓的坡度(0.1%～0.2%)向前伸展几十千米,甚至几百千米之遥,称为大陆架。只有到了水深 200 米的地方,大陆架的坡度才显著加大,呈现为明显的转折点,水深也急剧增加,叫作大陆坡。大陆坡的底部,才是大陆与海洋的真正分界。在这条分界线的两侧,一边是与陆地具有同样性质的大陆地壳，其上部为花岗岩层，下部为玄武岩层；另一边却截然不同，属大洋地壳，远比大陆地壳薄，而且仅有玄武岩层。因此说大陆架、大陆坡都是大陆的水下延续部分。

从大陆架的发展历史来看，它也和大陆息息相关。在 300 万年前到 200 万年前的第四纪，大陆上曾发生过四次冰期与三次间冰期，冰和水互相转化，因此导致海平面时而上升时而下降。在最近的一次冰期，海平面因大量海水冻结成冰而下降了 100～130 米。大陆架既然是被淹没了的滨海平原，那么过去作为陆地时存在的河谷，沉降后自然成了海底峡谷；江河出口处沉积的泥沙，在陆地淹没后也就成了大陆架外缘的海底冲积锥了。

天涯海角

在海南岛三亚镇之西 24 千米，海边巨石耸立，清雍正十一年（1733 年），崖州知州程哲等名人题刻"天涯""海角""海阔天空""南天一柱"等字，故称天涯海角。

年轻的洋盆盛着
年老的海水

多数人认为，我们的星球从原始太阳星云中脱胎出来的时候已经包含有大量的水。这一点，1969 年由于人们在宇宙空间发现了水分子而得到了证实。以后，由于引力收缩和放射性元素的蜕变，使地球的温度逐渐升高，地球原始物质开始熔融，水则以蒸气云的形式包围着地球。当地球冷却时，它们就变成倾盆大雨自天而降，聚积在低洼处形成了海洋。原始物质处于熔融状态时，由于地球自转速度很快（当时一天只有 4 小时），较重的物质向核心集中，气和水较轻且活动性强，被移向地球的外层。当熔融岩浆逐渐凝固成坚硬的岩石时，含在岩浆中的水被挤压出来，逐渐聚集为大洋中的水。据分析，岩浆在冷凝过程中，可以有 6% 左右的水溢出来。考虑全球岩石的情况，这样溢出的水量也是很可观的。

20 世纪 60 年代以后，通过对深海钻探资料的分析，人们发现，在距今大约 2 亿年前，地球上所有的陆地都连接在一起，组成统一的联合古陆（泛大陆）。所有的水体环绕着联合古陆，组成了统一

大洋

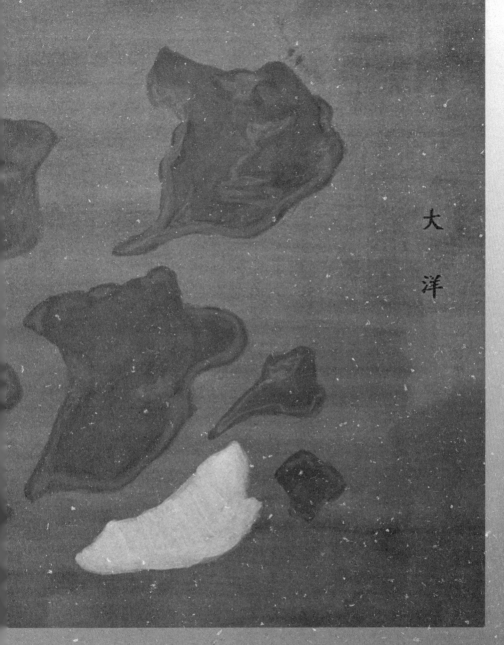

大洋

的泛大洋。以后，泛大陆破裂成几块大陆，它们彼此漂移开去，张开的地方不断展宽，逐渐形成了现在的大洋。

就世界上几个大洋来看，有新生的大洋，也有古老的大洋。在太阳系八大行星里，真可算得上是个大奇迹哩！

广阔无垠的大洋盆地

大洋盆地深度一般在 4000 ～ 5000 米, 面积约占大洋的一半。

占据大洋盆地大部分的是广阔平坦的深海平原。在这些深海平原上, 分布着顶部如被巨刀削去脑袋的平顶山, 有奇峰突起、陡峭峻拔的海峰, 以及绵亘千里、两坡壁立的海岭。穿梭在其间的, 多是能发出红、黄、蓝、绿幽光的深海鱼类。

深海平原确实平坦异常，在它上面走上千里甚至万里，高差都不超过一米。其实，深海平原的基底原来并不平滑如镜，也是凹凸变化颇大的。后来它之所以变得平坦，一般认为是海底浊流沉积所造成的。深海平原常与矿质、粉矿质和砾石等陆源物质供给丰富的地区相连，陆源物质经海底浊流的搬运，沉积到海盆底部，最终填平覆埋了盆底的起伏。

覆盖在深海平原上的表土，广泛分布着锰铁结核和磷酸盐矿瘤，以及含铜、钴、镍等矿瘤。其所含金属量，为陆地上的几十倍甚至

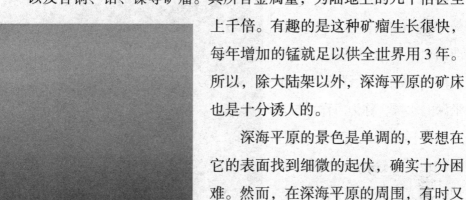

上千倍。有趣的是这种矿瘤生长很快，每年增加的锰就足以供全世界用3年。所以，除大陆架以外，深海平原的矿床也是十分诱人的。

深海平原的景色是单调的，要想在它的表面找到细微的起伏，确实十分困难。然而，在深海平原的周围，有时又会出现拔地而起、冈峦林立的海峰。海峰都是由火山组成，多呈圆锥形，就如倒覆在海底的巨大漏斗，高出附近海底1000多米。海峰露出海面的，就成为岛屿。例如太平洋中的夏威夷岛，5000多米深的海水仅及其半山腰，岛上的毛纳克火山尚高出海面4205米。海峰不仅高差巨大，雄伟壮丽，而且四周陡峭，险峻峥嵘，是陆上山峰所无法比拟的。

海洋上层的鱼库

世界海洋的总面积为3.6亿平方千米，占地球总面积的71%。海洋深度的计算，是以海平面为基准面的，基准面以上是海拔高度，以下是海洋深度。从洋面到200米深的水层，称为海洋上层。

海洋上层是海洋中最富饶的地方。这里到处是金灿灿的阳光，在近海区，奔流

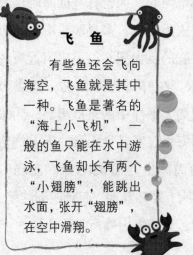

飞 鱼

有些鱼还会飞向海空，飞鱼就是其中一种。飞鱼是著名的"海上小飞机"，一般的鱼只能在水中游泳，飞鱼却长有两个"小翅膀"，能跳出水面，张开"翅膀"，在空中滑翔。

不息的江河把大陆丰富的有机物质挟带而来，使海水变得异常肥沃。这就为海洋植物进行光合作用和大量繁殖创造了极为有利的条件。于是，这里的藻类植物和各种海草特别茂盛，各种鱼虾蟹贝也相当丰富。与其他水层相比，这里动物的数量是首屈一指的。好多经济价值较高

的海洋生物，如水母、带鱼、鲣鱼、蝴蝶鱼、飞鱼、海龟、旗鱼、箭鱼、金枪鱼、海马和各种鲸，都在这儿栖息着。每逢春暖花开的季节，大黄鱼和小黄鱼也成群结队地从深海来到这里。

　　海面上常常是海浪滔滔，有些生物就是借助波浪漂游的。人们对海蜇是很熟悉的，它们像降落伞似的在海面上浮游漂泊，随波逐流。每年夏季，我国浙江象山一带的海面上因水母星罗棋布，顿时满海都像染上了一层银霜似的，不过有时仅一夜工夫，它们便悄然不知去向，随海浪漂得无影无踪了。

海洋中层鱼类趣事多

一进入 200 米深的水层，碧绿和深绿色的海水就渐渐变成蔚蓝色，以后又变成暗蓝色；到了 1000 米深的水层，海水已是一片灰蓝色，光线显得十分微弱。这水下 200～1000 米深的水层，就叫海洋中层。

为了尽可能地利用微弱的光，生活在这一水层的鱼，眼睛大多长得特别大，而且视网膜上杆状细胞发达，因为在弱光下，视觉主要是靠这种细胞起作用的。有趣的是，有些鱼的眼睛在外形上也变了，向外突起，就像望远镜那样。有些鱼两眼不再位于头的两侧，而是一起朝前或靠上，比如比目鱼。其实，比目鱼刚从卵中孵化出来时，它和别的鱼没有一点儿不同，两只眼睛端端正正地生长在头部两侧。这时它们非常活跃，时刻浮到水面上来玩耍。然而当它们生活了 20 天左右，身体长到 1 厘米长时，由于各部分发育不平衡的缘故，再也无法正常地游泳，于是便侧卧到海底去了。它的眼睛就在这时开始移动：两边脑骨生长不平衡，尤其是前额骨和额骨显得更为突出；身体下面那只眼睛，则因眼下那条软带不断增长，使得眼睛向上移动，经过背脊而到达上面，和上面原来的那只眼睛并列在一起，这样在观察同一物体时，形成了立体视觉，有利于判断猎物的距离。

黑暗的半深海层

海洋深处究竟什么模样呢?

从1000米深处再往下去,人们仿佛掉进了万丈深渊,四周是一片黑暗,这里没有风浪的冲击,不管水面是寒风呼啸,或是赤日炎炎,水温却终年维持在较低的温度。这水下1000～4000米的深处,

人们称之为半深海层。严酷的自然环境，使半深海的动物与海洋中层相比，大为减少。这里的鱼类仅有150种，主要有宽咽鱼、叉齿鱼、鳂鱼和深海鳗等。

在这暗无天日的环境中，鱼眼显然已无用武之地，因而多数鱼眼变小了，有的已丧失视力。

在深海中根本没有藻类植物，食草性鱼类也已销声匿迹了，剩下的只是肉食性鱼类。在这种食物极端匮乏的环境中，生存下来的

深海鱼类的模样就变得古怪了。就拿宽咽鱼来说吧，它的口特别大，整个身体倒像是陪衬了。大嘴一张，简直像个巨大的陷阱，不管充饥之物是大是小，都会一网打尽。

叉齿鱼则另有一种绝招。它的胃大且能伸缩，饱餐一顿之后，胃简直像腹部的一个巨大包袱。这时，胃和腹壁都被拉得很薄，人们透过体壁甚至能看清吃下去的鱼的状态。从此，叉齿鱼可以一连多天不必为寻找食物而担忧了。

深海世界

从4000米再往下潜，便是深海层了。随着深度的增加，环境越来越恶劣，食物越来越少，然而深海层却并不是一片死寂的不毛之地。

1960年1月23日，美国科学家皮卡德和瓦尔什乘"特里斯特号"深海潜水器，通过小心翼翼地长时潜行，最后到达了世界的最深点——斐查兹海渊的底部，然后又安全返回水面。在9500米深的地方，他们凭借着探照灯照耀，发现了舱外清澈的海水，仍有水母游动。这儿的海底也有淤泥沉积，水温甚至比3100米深处的温度（1.4℃）还要高些，可达2.4℃。

许多无脊椎动物，在万米多深的深海沟里也能生存。身上尽是黑皮疙瘩的海参，平时躲在石头缝里。你别看它进攻的本领不强，遇到敌害时，却有一套巧妙的"分身术"，把肚肠抛出，转移敌对者的视线，自己乘机逃生。它有很强的再生能力，不到两个月，又会长出新的内脏。

在万米深的海底，静水压强可高达 1000 多个标准大气压（1 标准大气压 =101.325 千帕），深海动物居然能在如此巨大的压力下生活自如，这不能不说是一大奇迹。研究表明，深海动物之所以能适应高压，是因为它们的身体有着特殊的结构，表皮多孔而有渗透性，海水可以直接渗入细胞里，身体内外保持着压力平衡，当然压力再大也不在话下了。至于不怕严寒的威胁，是由于深海动物都是冷血动物，它们的体温可随外界环境温度的变化而变化。

海洋底部最深的地方

海洋是地球结构的一个重要组成部分。海洋浩瀚无际，深邃莫测，它的底部究竟什么地方最深？

19世纪中期，在架设横穿大西洋海底电缆时发现，海底的地形完全不像人们想象的那样，最深处根本不在海洋中心，而在靠大陆的海洋边缘，海洋正中是地势高耸的海底山脉，海水最浅。20世纪初，人们采用回声测深仪算出了海洋的深度。

现在，这个计算已经自动化了，只需十几秒钟就能测出海

底曲线图。20世纪30年代，国外研究船应用回声探测仪在大西洋等海域做了上万次精确测量，详细给出了海底地形。通过探测发现，大西洋底整个中部是一个由北到南连绵延伸的巨大海底山脉，由2～3个平行的山峰组成，某些峰顶还高出水面成为岛屿，海底山脉的规模超过了陆地上的阿尔卑斯山或喜马拉雅山系。太平洋、印度洋中心也有这样巨大的海底山脉，称为大洋中脊或中央海岭。海底最深部分分布于海洋边缘、紧靠大陆棚，呈狭长形的凹地，两侧坡度陡急，深度超过6000米，最深可达上万米，称为海沟。海岭和海沟之间地势较为平坦，有高原也有平原。

海底之谜

一首流传在欧洲海员中间的古老歌谣吟唱道："海呀，海呀！你是那样明澈，那样动人，又是那样神秘！"海洋确实是一个神秘、到处都有不解之谜的世界。

1935年，人们在印度洋里发现了一种长有四肢的鱼类。这是一种早就绝种的、介乎鱼与两栖动物之间的史前鱼类。远在6000万年前，这种蓝钢板色的鱼类生活在海洋深处。人们发现的这种鱼的化石还不过是1800万年前的东西。可是，它怎样又在20世纪30年代来到人间？它生活在哪里？

此外，以"海蛇"出名的尼斯湖怪，以其外形判断，是一种绝种的古代爬行动物——蛇颈龙。可是20世纪70年代，人们又似乎见到了它的尊容，这又怎么解释呢？

丹麦海洋学家安乐·布伦曾在一次用拖网捕捞的作业中发现了一种形如鳗鱼的蝌蚪，它身长1.8米，据估计成年后能长到22米长。

不仅仅那些"海怪"是海底之谜，就是我们熟悉的海洋生物的

迁移、洄游与繁殖的习性也实在令人费解。古希腊哲学家亚里士多德是第一个提出鳗鱼之谜的博物学家。欧洲的成年鳗鱼，沿着流入大西洋的江河，在海岛与鲨鱼群的陪同下游到马尾藻海某处，然后就扎进海的深处不见了。成年的在那儿死去，新生的又长途跋涉返回欧洲，前后要两年光景。

美洲的鳗鱼的路线正好相反。它们向东游，与它们的欧洲同胞游入马尾藻海，然后幼鱼又返回美洲。鳗鱼回到它的出生地繁殖实在是一个谜，因为这个地方在水下几百米的深处。

大海深处的神话世界

大海深处是一个神话般的世界，曾有多少优美的传说流传在人们心头。这儿不仅有丰富的矿藏，而且还有许多用现代科学都无法解释的史前古迹。例如，在秘鲁沿岸的 2000 米深处，人们发现了雕刻的石柱和巨大的建筑。这是一个文明世纪时代的大陆下沉被水

淹没的结果。据考证，在冰期，广阔无垠的海水突然都冰冻了，厚达数千米的坚冰覆盖着北极的广大地区。距今 1.2 万年前，由于原因不明的气候变化，坚冰突然开始融化，水位上涨，吞没了沿岸的陆地与岛屿，形成了海峡。据说，第三冰期融化初期，海水的水位比现在的水位要低 200 米。海底火山的爆发，使部分陆地下沉，形成了来势凶猛的特大洪水。对于这个时期世界性的大洪水，各国都有不少传说性描述，《圣经》中的"诺亚方舟"就是一例。这次洪

水给人类留下了不可磨灭的印象，它淹没了亚特兰提斯大陆的所在地。哈利法克斯大学在亚速尔群岛的研究表明，从海底 800 米处取出的岩心证明，在 1.2 万年前，这儿原来是一块陆地。1956 年，斯德哥尔摩国家博物馆的马莱斯博士及柯尔勒博士在北大西洋 3600 米深处的硅藻土里发现了淡水。经研究，在 1.2 万年前，这儿是一个淡水湖。此外，人们不断在欧洲西部、非洲及北美东南部的海底下发现了被淹没了的史前古迹。那儿有建筑物、石砌的道路。这条石头路通向尤卡坦海岸和洪都拉斯东部。

物种丰富的海底世界

有人认为，寒冷和没有光线的深海海底是生物的荒漠。人们认为热带雨林是生物最丰富的地方。其实，深海之底生物种类繁多，可以与热带雨林相比。

此外，海底蕴藏着的丰富物种对目前的理论提出了严峻挑战，因为人们通常认为，新的物种需要某种诸如山脉等环境障碍才能演变，而海底比陆地上几乎所有的地方都要平整。

对深海海底物种数量的粗略估计，目前已经猛增到上亿种，比过去推测的总计 20 万种海洋生物多数百倍。

这一新数字与科学家迄今命名的地球上总计约 140 万种动植物

和微生物形成了鲜明对比，而且与专家们过去推测的陆地物种总数可能在 4000 万至 1 亿种相去不远。

新发现的海底生物无所不包，却没有娇小可爱或危险凶猛的生

物。这些动物栖息在海底软泥上或海底软泥内，体形通常很小，包括小鼻涕虫、蜗牛、螃蟹、毛足虫、纽虫、腕足动物、海葵以及海参等。体形最长的也很少超过香蕉的长度。

生物的种类如此繁多，以致在这些从各个不同取样点收集的物种中，几乎没有一种是相同的，即使取样点靠得相当近。在所采集的各种样品中发现的物种大多是特有的。

毋庸置疑，随着科学家竭力揭示本以为是不毛之地的海底世界出人意料地蕴藏着巨大的财富，海底生物多样性的发现已经引起了种种争论。

深海"居民"

　　海洋深处是一个奇妙的世界。这里没有一丝阳光，四周的海水比墨水还黑，简直是伸手不见五指。海底的地形十分复杂，像陆地一样，有辽阔的海底平原；有高低起伏的海底山脉；更有趣的是那里还会发生火山爆发呢！深海的温度是不变的，终年保持在2℃左右。

　　在黑暗、寒冷和具有巨大压力的海洋深处，居住着许多体形古怪的深海"居民"——深海鱼类。在1.1万米的深海里，人们曾经捕到过一种体形扁平的鱼类和体长30多厘米的红色海虾。

　　深海鱼类在特殊的海洋环境中，为了保护自己和后代，在漫长的进化过程中，不但体形奇特，而且色彩也与众不同。它们的皮肤几乎

都是黑色、紫色和深蓝色的，因为这种色彩在黑暗的环境中不容易被敌害发觉，可以更好地保护自己和后代的安全。

深海的环境是特殊的，这里的海水中溶解大量的碳酸。因此，深海中具有石灰质骨骼的动物极少，甚至有些贝类的壳也变得像皮球一样柔软。各种深海鱼类的形体古怪极了，有的长着很大的嘴巴、锐利的牙齿和能够囤积食物的肚子，能吞进比自身大几倍的鱼；有的在嘴唇底下长着许多长长的触须，乍一看，仿佛是衔在口中的树枝；也有的头顶上长着一对突出的像望远镜般的大眼睛……原来，深海鱼类就是利用这些奇特的器官来代替眼睛，在黑暗的环境里寻找同样细小的食物。

深海——天然冰箱

人们在日常生活中，为了防止腐败变质，总是把食物放在电冰箱里保存。可是，你知道吗，深海海底竟然也是一个"超级冰箱"哩！

事情是这样的：1968年10月16日，世界闻名的美国深海研究用潜水艇"阿尔文"号，在一次意外的海上事故中，不幸被狂风恶浪吞没，尽管艇内的驾驶员和科学家死里逃生，可是这条功勋卓著的潜艇却沉没于1540米的深海之渊。在耗资10万美元和历时11个月的时间之后，这艘曾以打捞海底氢弹而名扬四海的海上佼佼者终于浮上水面重见天日。人们在对"阿尔文"号进行检查时，发现了一个令人大惑不解的现象：艇内装有各种食品的饭盒虽然经11个月之久的海底存放，可是盒内食品依然如故，色香味俱佳。

这样食物就不会坏了！

56

科学家立刻把这些没有变质变味的盒饭放入电冰箱里，几个星期后，饭盒里的食物全都腐烂了。

原来引起食物腐烂的微生物在深海的高压下代谢强度大大降低，一般只有大气中的1%；而且深海海底的温度在2℃左右，在这样的低温高压下，食物当然就不容易腐烂了。当人们把食物从深海海底取上来时，微生物的代谢活动便提高了100倍，此时即便是放入电冰箱，食物腐烂的速度也是要比深海海底快得多了。

生机盎然的海底绿洲

1977年以来，美、法等国的海洋学家乘坐深水潜艇进行海底考察。他们来到太平洋加拉帕戈斯群岛附近的海底采集标本时惊奇地发现，这里的海底也有生物活动着：血红色的蠕虫在蠕动着，就像一根根塑料管；蛤正张着壳，等待着食物来临；奇异的像蒲公英一样的生物身上伸展着许多丝状的触手；等等。

海底生命靠什么为生呢？科学家发现，在海底的某些地方，不断有热泉涌出，热泉周围的水温较高，常常达十几摄氏度，那里的水闪耀着乳蓝色的光。水中有许多微生物。蠕、蛤、贻贝就以这种微生物为生，而它们自己又成为蟹等动物的食料。

那么，微生物又靠什么生存呢？原来，海水中的硫酸盐在高压和一定的温度下会变成硫化氢。海底有一条大裂谷，不断把地球深处炽热的岩浆带出来，不仅提供了热量，而且也提供了生成硫化氢

的含硫物质。硫化氢是一种有毒的气体，微溶于水，有一股臭鸡蛋的味道。不过，海底的微生物不仅没有被硫化氢毒死，相反却以硫化氢为食物，进行着新陈代谢。

热泉是海底生命的源泉，就像沙漠绿洲的清泉一样。因此，热泉附近生机盎然；远离热泉的海底，则到处是一片荒凉死寂。

绮丽的"海底森林"

海南岛有一种奇异的森林，它不长在高山幽谷，也不长在肥沃的平原水乡，而是长在一般植物难以生长的港湾烂泥盐碱滩上。涨潮时，它被海浪淹没，只露出葱绿树梢在水面上摇晃；潮退尽，它赤裸裸地出现在烂泥滩上，任凭海风吹、烈日晒，巍然挺立，枝叶繁茂。这就是被人们称为"海底森林"的红树林。

红树，是热带、亚热带海边泥滩上特有的植物群落，喜烂泥盐碱，耐高热。它的主要特点是"胎生"，果实成熟后，仍留在母树上萌芽，待到幼苗发育后，同果实一起坠入泥中，尖尖的根插进烂泥，两三个小时后，上面发出新芽，下边扎根。它还有一个特点：根系十分发达，纵横交错，具有特殊的呼吸根和吸收过多盐分的特殊腺，

红树的胎生

红树在春秋两季要开两次花,结的果实倒挂在伸展的树枝上。当小树苗的嫩芽从果实露出来的时候,这些果实还长在母树上不落。小树在果实里像胎儿一样摄取母树的营养,等长到30厘米左右才离开母体。由于红树苗不是从地里长出来的,而是靠摄取母树果实中营养物质长大,因此,有些生物学家把红树叫胎生植物。

所以长年累月浸泡在海水里,也能吸收足够的二氧化碳,适应环境,顽强生长。

红树由于根系发达,根扎得深,12级台风袭来也不低头折腰。红树林能较长时期地经受海潮的浸泡和冲击,自有它一番独特的适应本领。首先,红树林中的树木长着许多形状离奇的支柱根、板状根和呼吸根,它们盘根错节,纵横交错,千姿百态,牢牢插入海滩淤泥之中;其次,红树等植物,叶子长得厚实,如皮革一般,可以反射阳光,减少蒸腾,其叶背有短而紧贴的茸毛,可以避免海水浸入。同时,叶面上还有排盐线,通过它可以把体内的盐分排出来。这些都是红树类植物长期适应海滩生活的结果。

海水有咸也有淡

尝过海水的人都知道，海水又苦又涩，根本不能喝。世界各地海洋的盐分含量并不完全相同。有的海域盐分很高，有的海域盐分很低，浓淡之差可达130多倍。世界上最淡的海是北欧的波罗的海，盐度仅6左右，该海北部和东部的一些水域，盐度只有2；世界上最咸的海是亚非大陆之间的红海，盐度可达42，个别海底地方，盐度达270，几乎成了饱和溶液。

波罗的海和红海，两海一"淡"一"咸"，究竟是什么因由使它们具有这么大差别呢？说起"因由"，不妨让我们对它们的成因

先来个比较。

波罗的海，纬度较高，气候凉湿，蒸发微弱。周围有维斯瓦、奥得、涅曼等大小250条河流注入，每年有472立方千米的淡水注入。这些因素对保持淡水环境非常有利。加上四面几乎为陆地所环抱的内海形势，盐度较大的大西洋水体也很难对淡化了的波罗的海海水特性有所改变。地处北回归线附近的红海，情况则大为不同。红海纬度偏低，又居干热地带，盐度自然很高。科学家又进一步发现，红海在其发展的历史沿革中，曾有几度海进、海退现象。海进时期，封闭的浅海或海滨泻湖环境有利于高浓度的海水储存保持；海退时期，浅海（包括泻湖）干涸，海底又形成了很厚的盐层。今日海下的饱和性盐水，盐分就是由海底的古盐层供应的。

厄尔尼诺
现象

厄尔尼诺和拉尼娜是指南太平洋东西两侧海水温度异常变化引起的自然现象，温度升高时为厄尔尼诺，温度降低时为拉尼娜。

1997年的厄尔尼诺现象，给生活在南太平洋东部的人们带来暴

雨频繁，洪涝成灾，秘鲁、智利、巴拉圭等国连降暴雨，造成山洪暴发，房屋和农田被毁，上百万人无家可归。

一时间，"厄尔尼诺"成了所有灾难的代名词。人们"谈虎色变"，那么，厄尔尼诺是否是酿成所有灾难的罪魁祸首呢？

事实上，厄尔尼诺给人类带来的不都是负面影响，有些国家和地区的自然条件并不太好，正是厄尔尼诺现象给那里的人们带来了风调雨顺的好天气。阿根廷的一个研究所在对 20 世纪最大的 6 次厄尔尼诺现象进行研究时发现：这 6 次厄尔尼诺年都是阿根廷的丰收年，当 1997 年厄尔尼诺肆虐其经济地区时，阿根廷的粮油产量创立了历史最高纪录，智利的荒漠里也长出了 250 多种鲜花，据说因此刺激了当地的旅游业。

生活在今天的人们大可不必产生恐慌心理，应当注意的倒是如何加强科学预测，利用这一种自然规律调节生产，安排生活，相信科学的发展一定会给人类带来美好的明天。

拉尼娜现象

拉尼娜是赤道东太平洋海表水温异常降低的现象，正好与厄尔尼诺相反，所以也称反厄尔尼诺现象。拉尼娜现象多数是跟随在厄尔尼诺之后出现，与厄尔尼诺相比较，拉尼娜的发生次数相对较少，而且频率要比厄尔尼诺低，规模更比厄尔尼诺小。

拉尼娜对天气是否有影响？回答是肯定的，但威力远不及厄尔尼诺。

拉尼娜对台风活动有影响。在拉尼娜期间，西太平洋活动的台风和影响我国的台风都比较多，而在厄尔尼诺期间，却出现相反的情况。造成台风偏多的原因：一是西太平洋海表水温相对比较高；二是西太平洋上空的空气对流相对比较旺盛；三是横贯在太平洋上的副热带高压位置偏北，紧靠着副热带高压南侧的热带辐合带的位置也偏北，而台风相当多数是由辐合带中的低压或云团发展起来的。这些条件都有利于台风活动。

拉尼娜对我国东北夏季气温有影响。在拉尼娜年份，沈阳、长春和哈尔滨夏季气温多数偏高，而在厄尔尼诺年份则相反。我国东北是主要产粮区之一，气温变化对粮食产量有一定影响。

拉尼娜对我国华北汛期降水有影响。在拉尼娜期间，华北汛期降水量容易偏多，而厄尔尼诺年份，华北降水量容易偏少。其原因与西太平洋副热带高压位置有关，拉尼娜年份，副热带高压位置偏北，有利于形成华北汛期多雨的大气环流形势，而厄尔尼诺年份，则副热带高压位置偏南，不利于建立华北汛期多雨的环流形势。

台风

我们经常从收音机、电视机里听到中央气象台发布的台风紧急警报，那么，台风究竟是从哪里来的，又是怎样产生的呢？

台风在世界上许多地方都能发生，各地对台风的称呼也不一样。出现在美洲西印度洋岛一带的叫"飓风"，出现在南印度洋和澳洲

北部海洋的叫"威利威利"，出现在阿拉伯海、印度及孟加拉湾的叫"风暴"。

在热带，太阳直射海面，海水被晒得很热，海面上的湿热空气向高空直升，周围较冷空气乘势一齐朝中心活动，由于地球自转所发生的偏转作用，形成了一个大规模的逆时针方向旋转的涡旋，湿热的空气不断上升，四周空气围着它打旋的力量不断增强，台风就这样形成了。台风的中心部分叫台风眼。台风直径能达到好几千千米长，风力一般在十级以上，在海洋上能掀起山岳般的巨浪，万吨巨轮也要远远地避开。台风登陆后，随之产生狂风暴雨，冲毁海坝和江堤，拔树倒屋，造成重灾。台风之所以有这样大的破坏力，是因为它蕴藏着巨大的能量。据有关资料记载，假如用人工办法把一个大台风炸毁的话，需要用200颗万吨级的氢弹才行。

海洋是"水的王国"

翻开地图一看，便觉得海洋包围着大陆，浩瀚广阔，无边无垠。海洋，这个浩瀚无边的水域，互相连通，是个统一整体。因此，人们也把它叫作世界大洋。世界大陆，却没有统一的大陆，陆地被水包围，成为大小不同的"岛屿"——陆地。

海洋是"水的王国"，它确实也大得惊人：其面积有 3.6 亿平方千米，占地球总面积的 70.92%，几乎为陆地总面积的 2.5 倍。海水占全球水量的 97%。海洋的平均深度为 3810 米；而陆地的平均海拔才 340 米。虽然海洋的平均深度有几千米，但是，在大陆的边缘，海水常常是比较浅的。我们把深度在 200 米以内的海叫作浅海。

大洋的底部常常起伏不平，但浅海的底一般都很平坦，它微微向海洋倾斜，倾斜的角度平均不过 60～70 度。

浅海的底为什么总是比较平坦的呢？这与海浪的作用有关，海浪能够影响到海面下 200 米以上的地方，把海底高过 200 米以上的部分冲刷削平，再把破碎的沙石搬到低于 200 米以下的地方堆积起来，使海底变得平坦。

海浪还有力地冲击着海岸，使海岸不断受到破坏，崩塌碎裂，形成沙砾。当海浪退回海中时，这些沙砾也被带到海中，在海底堆积起来。

另外，河流也带来了大量的泥沙，把海底填平。所以，浅海的底一般都是比较平坦的。

海水里含有丰富的蛋白质

在辽阔无际的海洋里，居住着各种肉味鲜美、营养丰富的鱼类，它们在这美妙的生命世界里追波逐浪、觅食嬉戏，生机勃勃地生儿育女，繁殖自己的种群，为人类提供无法计量的蛋白质。

其实，海水本身也含有丰富的蛋白质。

据科学家发现，海洋里溶解着大量的蛋白质。过去由于没找到从海水中检测蛋白质的方法，因此人们只知道海水中溶解着构成蛋白质的氨基酸，而不清楚海洋中究竟有没有蛋白质。

研究小组乘坐观测船在北太平洋、印度洋、南极海等处，从海洋表层到海深4000米处采集海水。用过滤器从海水中除去盐类后，再用能将海水中蛋白质浓缩10～100倍的电泳法检测，结果在所有采集到的海水精品中都检测出了蛋白质。这些蛋白质约有30种，分子量从1万～10万。根据对蛋白质中氨基酸排列的分析，除了分子量为48万的蛋白质和细菌细胞膜中的特殊蛋白质"嘌呤"基本相同外，其余都是至今地球上还没发现过的来历不明的蛋白质。

据研究小组推测，海水中蛋白质总量有1亿吨以上，大约和海洋磷虾和小虾等动物性浮游生物的总量相当。由于蛋白质的重量约一半是碳元素，因而可以说同时发现了一座"新的碳元素贮藏库"。由于地球规模的碳元素循环和地球温暖化有关，所以这一发现十分令人注目。研究小组的研究重点将转向查明这些海洋蛋白质的来历。名古屋大学大气水圈科学研究所的半田畅彦教授对这一发现十分感兴趣。他认为：假如在被称为生命诞生地的海底热水区域里，从海底喷涌出的热水和营养成分中能检测出蛋白质的话，也许能获得更令人感兴趣的结果。

海洋里的生命

生命起源于海洋。我们在海洋里可以找到包括哺乳动物在内的几乎所有主要的动物种类。鱼仅仅是海洋大家庭中的一小部分。海洋里已知的鱼有上万种，而海洋里的软体动物比鱼类更多。

跟陆地上的情况一样，海洋里的动物首先取决于海洋里的植物。

海洋里有着难以计数的用显微镜才能看见的植物。这些微小的植物在水中自由飘浮，总称浮游植物。这些浮游植物是海洋里的小动物——浮游动物的食物。而浮游动物又是更大的海洋动物的猎物。海洋动物的尸体经过细菌的分解，变成各种营养盐，又成了浮游植物赖以生存的必需食品。海洋里的生命就是这样地重复循环。

　　海洋里的水不是静止不动的。它也像陆地上的河流那样，成年累月沿着较为固定的路线流动着，这就是海流。风、地球的自转和海水密度的差异是海流的三个主要动力。风吹动了浩浩茫茫的海水，形成了海洋表层的水流。同时，地球的自转又使这些水流在北半球沿着顺时针方向流动，而在南半球沿着逆时针方向流动。

　　在海流交汇的地方，以及在有上升流和沿岸流的地方，由于这些海流带来了丰富的营养盐以及必要的冷水，从而促进了海洋植物的生长，这就使得浮游动物有了繁殖的适宜条件，吸引了大量的鱼虾。所以，世界上大多数大渔场都在海流经过的区域。

辽阔无比的太平洋

太平洋不仅大，而且深，是世界上最深的大洋。平均深度约为 4028 米。世界上深度超过 6000 米的海沟共有 29 个，太平洋就占了 20 个。世界上水深超过 1 万米的 6 大海沟，全部都在太平洋里。它们分别是克马德海沟（10047 米）、日本海沟（10374 米）、菲律宾海沟（10497 米）、千岛海沟（10542 米）、汤加海沟（10882 米）和马里亚纳海沟（11034 米）。

太平洋是世界上水量最大的大洋，它储存的水体有 7 亿立方千米，几乎占全球水体的一半以上。

太平洋还是世界上最暖的洋。表面水温年平均可达

19.1℃，比世界大洋表面的平均水温高出 2℃。

太平洋的边海在世界上也是数量最多的，大小有 20个。世界上最大的海——珊瑚海，也属于太平洋。

太平洋约有岛屿 1 万个，总面积有 440 万平方千米，约占世界海洋岛屿总面积的 45%。太平洋还是珊瑚礁最多和分布最广的大洋。

太平洋是个形如椭圆的大洋，中心点在莱恩群岛附近。"太平洋火环"是世界上最大的火山、地震分布带。全球约 85% 的活火山和约 80% 的地震都集中在太平洋地区。

浩渺的太平洋是海洋资源的巨大宝库，渔获量占世界一半以上。秘鲁、北海道和舟山渔场均为世界上最大的渔场。

大西洋

大西洋是世界第二大洋，平均深度约 3627 米。海底中央部分有显著隆起，南北伸延，亦略呈"S"形，称"大西洋海岭"。大西洋海岭都隐没在水下 3000 米以下，只有少数山脊突出洋面形成岛屿，所以岛屿比太平洋少得多。大部分岛屿集中在加勒比海的西北部。1492 年哥伦布到达这里，误以为是印度附近的岛屿，后因群岛位于西半球，故称为西印度群岛，沿用至今。西印度群岛由 1200 多个岛屿和很多暗礁、环礁组成，分属大安的列斯、小安的列斯（合称安的列斯群岛）、巴哈马群岛和特立尼达岛、多巴哥岛等，面积约 24 万平方千米。海岭的东西两侧，分布着宽广的深海盆地。边缘有深海沟，在波多黎各岛北面的波多黎各海沟，最深处达 9219 米，是大西洋的最深处。北海、波罗的海、南美东北和东南、北美

纽芬兰岛东南一带海域，大陆架最为宽广。赤道附近水面温度平均25～27℃，盐度34～37.3。

　　大西洋表面的平均温度为16.9℃，比太平洋、印度洋都低。但在赤道海域的水温仍高达26℃左右。

　　大西洋西北部和东北部海域为主要渔场，盛产鲱鱼、鳕鱼；在南极大陆附近捕鲸业很兴盛。

印度洋

印度洋是世界第三大洋，位于亚洲、南极洲、非洲与大洋洲之间，面积约 7492 万平方千米，大部在南半球，平均深度约 3897 米，最大深度为爪哇以南的爪哇海沟。海底以南北伸延的隆起，分为东、南两大海盆：东海盆较深，并有数条海沟；西海盆有多处隆起。印度洋的大陆架面积较小，主要分布在波斯湾、澳大利亚西北部和中南半岛西部沿海。最大岛屿为马达加斯加岛，其次为斯里兰卡岛。印度洋大部分位于热带，水面平均温度 20～26℃，平均盐度 34.8。红海盐度高达 42，是世界上盐度最高的海域。

印度洋北部沿岸海岸线曲折，多海湾和内海，其中较大的有红海、波斯湾、阿拉伯海、孟加拉湾、安达曼海、萨武海、帝汶海和澳大利亚湾。印度洋上还有许多大陆岛、火山岛和珊瑚岛。

印度洋的海洋资源以石油最为突出。波斯湾、红海、阿拉伯海、孟加拉湾、苏门答腊岛与澳大利亚西部的沿海都蕴藏海底石油，波斯湾是世界海底石油最大的产区。

印度洋西部的捕鲸业和捕海豹业发达，阿拉伯海和波斯湾盛产珍珠。印度洋的地理位置特别重要，它是沟通亚洲、非洲、欧洲和大洋洲的交通要道：向东穿过马六甲海峡，可进入太平洋；向西绕过非洲南端的好望角，可达大西洋；向西北通过红海、苏伊士运河。

北冰洋

北冰洋是地球上四大洋中最小的大洋，大致以北极为中心，介于亚洲、欧洲和北美洲的北岸之间，面积约 1310 万平方千米，经白令海峡通太平洋，以威维亚·汤姆孙海岭与大西洋分界。罗蒙诺索夫海岭把它分成两个海盆。大陆架宽广，几乎占北冰洋面积的一半（尤其是在亚洲和北美大陆的一侧）。

北冰洋表面温度大多在 –1.7℃左右，大部分海面常年冻结。但来自北大西洋的暖流因盐度较高，下沉至深度 100～250 米到 600～900 米处，形成中间温水层，温度在 0～1℃。表面盐度较低，为 28～32。

北冰洋是个非常寒冷的海洋，洋面上有常年不化的冰层，占北冰洋总面积的 2/3，厚度多在 2～4 米。在这些冰层上不仅可以行驶汽车，而且还能降落重型飞机。北冰洋的严冬可长达半年之久，最冷季节的平均气温在 –40℃左右。而且越接近极地，气候越寒冷，冰也越厚。在极顶附近，冰层厚达 30 多米。

北冰洋的岛屿很多，仅次于太平洋，总面积达 400 万平方千米。主要岛屿有格陵兰岛、斯匹次卑尔根群岛、维多利亚岛等。格陵兰岛是世界第一大岛。提起格陵兰，人们总会有一种遥远之感。它的部分身子，伸进北极圈内。这儿终年寒冷，常有风暴出现。年平均温度在 0℃以下。中心地区一月平均气温在 −53℃，仅次于南极洲，是世界上第二个年平均气温最低的地方。

由于严寒，北冰洋区域里的生物种类极少。植物以地衣、苔藓为主，动物有白熊、海象、海豹、鹿、鲸等，但数量已日趋减少。

富饶的南大洋

南大洋是指南极洲周围水域，即南纬50度附近的印度洋、大西洋和南纬55～62度之间的太平洋海域。总面积约3800万平方千米。

南大洋的生态系统结构可简单表示为：浮游植物—磷虾—鲸。南大洋及南极洲是富饶的。勘察表明，在南极表面不毛之地的冰雪下面，蕴藏着220种矿物，其中主要的矿物有金、银、铜、铁、镍、铂、锡、铅、铀、锰、钴、锌、锑、钍、煤、石油、天然气以及石墨、石英、金刚石等。在东南极洲分布着世界最大的煤田，面积为100万平方千米的维多利亚煤田。

特别富有诱惑力的是南极大陆及大陆架的石油和天然气。整个南极洲西部大陆架的石油藏量为450亿桶，天然气大约有320亿立方米。

　　南极最引人注目的动物资源是磷虾、鲸鱼、海豹、企鹅和海鸟等。其中，南极磷虾是颇受国际渔业界重视的一种海产资源。磷虾是蛋白质含量极其高的生物，繁殖速度极快，每年南极磷虾的产量可达到几亿吨到几十亿吨。别看这个小小的磷虾，它可是南极海域食物链的主角。不管是步履蹒跚的企鹅，还是硕大无比的鲸，基本食物都是南极磷虾。因而，南极磷虾聚集的海域，常常是鲸出没的地方。

　　南大洋中还藏有大约 3200 万头海豹。海豹的毛、皮、肉和油都具有很高的经济价值。

　　南极还有 40 多种海鸟，其中以企鹅的数量最多，大约有 1 亿只。

红海的海底世界

红海是个美丽的海，特别是日出和日落的时刻，显得格外美。海里红色的海草和无数红色的小动物，把海水染成红色。也许就是这个原因，古时候经过这里的水手，把它称为"红海"。然而，更吸引人们的还是它的海底世界。

红海是亚非两大洲之间的一条隙缝，是印度西北的长形内海。在亚洲阿拉伯半岛和非洲东北部之间。南经曼德海峡通印度洋的亚丁湾。北端分为两个海湾：东为亚喀巴湾；西为苏伊士湾，并借苏伊士运河达地中海。长2100千米，最宽处306千米，面积约45万平方千米。平均深558米，中部最深处达3040米。水温很高，8月南、北分别

为32℃和27℃。红海的周围地区，大都是不毛之地，气候灼热干燥，海水蒸发量极大，而每年的雨量却平均不到25毫米，因此水的补充主要依靠印度洋。

世界上大部分海域的深处，水温都较低，唯独红海深处水温较高，特别是海底火山地带，水温高达60℃。恰恰就在水温高的地方，蕴藏了大量的财富。从海底火山迸发出的各种熔解了的矿物，通过海底温泉喷到海里，凝成矿泥。因此，红海含有比正常的海水多几千、几万倍的铁、锰、铅、锌等矿物。在红海9～90米厚的沉积物中，还含有金、银、铜等贵重金属。

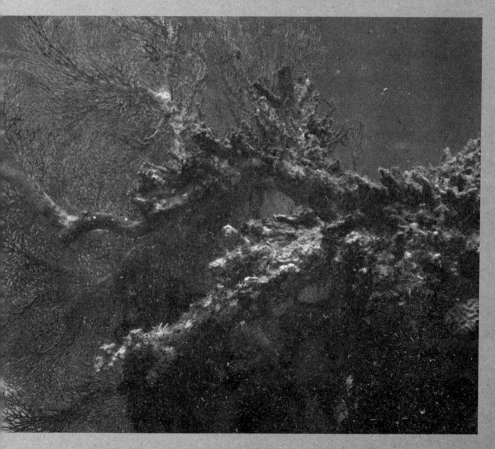

对海洋生物学家来说，红海是个绚丽多彩的复杂的世界。世界各地的许多海洋生物学家到这座独一无二的大型天然"水族馆"来采集标本，为科学研究提供第一手的资料。

最咸的海——红海

有人计算过，全世界的海洋含盐量大约有 5 亿亿吨，体积合 2200 万立方千米。倘若把这些盐类平铺在地球表面，盐层将足有 45 米厚；如果把它堆积到陆地上，陆地将增高 150 多米。

世界各地海洋，盐分含量并不完全相同。有的海域盐分很高，有的海域盐分很低，浓淡之差可达130多倍！世界上最咸的海，是红海，盐度可达41，运河附近高达43。

红海含盐量高的主要原因，是这里地处热带、亚热带，气温高，海水蒸发量大，而且降水较少，年平均降水量还不到400毫米。红海两岸没有大河流入。在通往大洋的水路上，有石林岛及水下岩岭，大洋里稍淡的海水难以进来，红海中较咸的海水也难以流出去。科学家还在海底深处发现了好几处大面积的"热洞"。大量岩浆沿着地壳的裂隙涌到海底。岩浆加热了周围的岩石和海水，出现了深层海水的水温比表层还高的奇特现象。热气腾腾的深层海水流到海面，加速了蒸发，使盐的浓度愈来愈高。

最大的陆间海
——地中海

伴随着亚欧板块和非洲板块间的相对运动，地球上这个古老的"特提斯海"残迹——地中海，今后面积将继续缩小。不过从目前来看，地中海作为"陆间海"的资格，还是绰绰有余的。它东西长约4000千米，南北最宽1800千米，面积约251万平方千米，平均深度约达1500米，是世界上最大的陆间海。

偌大的一个地中海，说它在历史上曾经干涸过，你相信吗？

科学家驾驶科学考察船，在地中海的深水下钻了许多深孔，在海底不同地点和不同深度上发现了沉积层中存在石膏、岩盐和其他矿物的蒸发岩，测定其年龄距今约700万年至500万年之间。从现代晒海盐可以知道，要在封闭的盐场中使原生海水的90%以上蒸发完，才能沉淀出盐来。由此可以推断，距今约900万年期间，地中海的古地理环境的确曾是一片干涸荒芜的沙漠。

地中海的干涸，说明它当时是一个"封闭"的海盆。原来地中海是历史上辽阔的特提斯海的残留部分，一度存在于北方劳亚古陆和南方冈瓦纳古陆之间。距今约2亿年前的中生代初期，由于非洲

大陆和印度大陆开始向北移动，使特提斯海逐渐变窄。到距今6500万年前的白垩纪末期，非洲板块和欧亚板块开始汇聚一起，地中海形成了。同时因碰撞挤压使早先的海相沉积层发生褶皱上升成为今天的"阿尔卑斯运动"。但这时的地中海仍然与大西洋和印度洋相通，海水横溢。随着板块碰撞的继续发展，距今约800万年前的第三纪末期，地中海才处于完全闭合状态。

地中海完全封闭以后，由于这一地区降水较少，海水温度较高，蒸发量大，入不敷出，最终使地中海成为干涸的海谷地。

最淡的海——波罗的海

尝过海水的人都知道，它又苦又涩，是根本不能喝的。然而，从波罗的海中舀起来的水，几乎尝不到咸味，含盐度只有7～8，波的尼亚湾含盐度只有2左右。波罗的海是世界最淡的海。

那么，波罗的海的海水为什么这么淡呢？

海水的含盐度主要受几个因素的影响：首先是温度，温度高，海水蒸发旺盛，含盐度就高；相反，温度低，蒸发微弱，含盐度就低。其次是海区降雨多少，下雨多就会把海水冲淡；下雨少海水含盐度便增高。最后是大陆河流流入海区的淡水量，流入的淡水越多，海水越容易被稀释而变淡；相反，流入的淡水少，含盐度就高。再加上洋流、风浪等因素，每个海区的含盐度不是固定不变的。

波罗的海与大西洋之间的海水交换是很微弱的。波罗的海海水的主要来源是靠下雨和大量河水的流入。它位于北纬 54～66 度之间，气温较低，年蒸发量仅 200 毫米左右，换句话说，一年约蒸发掉 80 立方千米的水。但海区及其周围陆地受北大西洋暖流影响，空气湿度较大，年降水量达 600 毫米左右。可见，仅海区的降雨，每年就可补充 200 多立方千米，降水量远远超过蒸发量。况且，面积不大的波罗的海周围还有维斯瓦、奥德、涅曼等大小 250 条河流注入，每年有 472 立方千米的淡水收入。这样，年淡水注入量大大超过年蒸发量，使波罗的海的海水流向大西洋。如此长年累月，大量的淡水就把波罗的海冲淡了。

珊瑚海

在太平洋西部紧靠澳大利亚东北沿岸一带，有个珊瑚海，面积为 479 万平方千米，是地球上最大的海。

珊瑚海最惹人注意的要数珊瑚了。这些只有大头针针头那么大小的无脊椎动物的石灰质骨骼，构成了珊瑚礁和珊瑚岛，珊瑚海就是因此而得名的。珊瑚生活在洁净透明和盐分很大的海水中，深度不超过 50～60 米，温度不低于 20℃。珊瑚从海水中吸取碳酸钙。珊瑚通常生在离大河河口很远的地方，因为在大河河口，河水把海水搅浑、冲洗了，不利于珊瑚的生长。珊瑚海之所以盛产珊瑚，就是因为这里没有一条大河流入。在珊瑚海里能见到三种著名的珊瑚礁：岸礁、堡礁和环礁。要知道，一般珊瑚礁"高度"有好几百米，而珊瑚海里的活珊瑚在海水中的生活深度总共不过几十米。这是怎么回事呢？原来，珊瑚群体能够以每

年3.5厘米的速度"向上生长"，而珊瑚海在某些地区的地壳，却以相仿的速度下降。千万年以来，珊瑚礁的上长速度和地壳的下降速度大致相同，因此，环礁的基底目前都深达几百米。珊瑚群体的"下层"逐渐死去。

珊瑚海底部较为复杂，大体上由西向东倾斜。不少地方海深为3000～4500米，平均水深2394米。新不列颠岛西侧海沟最深达9174米，在世界各海中，珊瑚海深度虽不是最大的，但它的海域储水量却相当惊人，海水总体积达1147万立方千米，为世界众海之冠。

世界上最热的海

世界上最热的海是亚、非之间的红海。红海是一个长 2100 千米，平均宽约 290 千米，平均深为 558 米，中部最深处达 3040 米的深海。面积 45 万平方千米。红海的形状窄长，海岸陡立，缺少良港，水色发红，但最特异的地方莫过于它的"热"了。世界海洋表面的

年平均水温为17℃，红海的表面水温8月份可达到27～32℃，即使200米以下的深水，也可以达到21℃左右。更奇特的是深海盆内的水温竟高达60℃，上部的水温也有44℃。简直成了海中"热洞"。

红海高温的原因，人们很容易用它所处的干热环境来作解释，即这儿地处北回归高压带区，腹背受阿拉伯半岛和北非热带沙漠气候影响，常年闷热，水面总是热乎乎的。然而，海底受气候条件影响小，为什么却热得出奇？看来，只用上述原因解释还是不能令人信服的。要知"热洞"蹊跷，还得从其他原因去寻找。

自从海底扩张和板块构造学说问世以来，人们认为非洲和阿拉伯半岛之间，地壳下存在着地幔物质对流，对流物引起地壳张裂便形成今天的红海。这种张裂带和东非大裂谷同为一带，张裂作用已进行了2000万年之久。目前，仍然以每年1厘米的速度继续扩张。海底扩张形成了地壳裂缝，岩浆沿裂隙不断上涌，使海底岩石加热，因而海水底部水温很高。

科学家推断：红海如果继续张裂下去，一二亿年以后，这里将形成一个新的大洋。

世界上最冷的海

世界上最冷的海，是南极洲的威德尔海。

南极洲广袤无垠的洁白冰原，千孔万窍的嶙峋岩石，玉树琼枝般的陆地冰花，水晶宫似的水洞，高达百余米矗立在海边的冰悬崖，高耸入云的冰山，千姿百态的聚集在南大洋的浮冰……这一切无不是南极洲的奇寒和暴风长年累月精雕细琢的佳作。难怪人们称南极洲为世界寒极、世界风极。

南极是世界上最冷的地方。南极的平均气温可达 -49.3℃。在南极高原内陆极点附近，寒季气温可低到 -72℃。1960 年 8 月 24 日，苏联东方站曾测到当时地球上最低的气温值：-88.3℃。1967 年，挪威科学家在南极点附近，测得了 -94.5℃ 的最低气温值。

南极洲也是世界风极。全洲平均风速是每秒 17～18 米，相当于风力八级。

由于南极半年是白昼，半年是黑夜，阳光极少，即使在暖季，太阳辐射也特别弱，因此在极地高原上堆积了很多很强的冷空气。它与四周低压带之间形成了很强的气压梯度。气压梯度是造成南极寒潮暴发的原动力，寒潮高原趁斜坡向四周沿海奔泻下来，便形成了下降风。再加上冰面光滑，对空气流动阻力很小，所以越到沿海，风力就越大。南极的维多利亚地区有一个谷口，年平均风速为每秒 19.4 米，阵风风速可达到每秒 90 多米。法国的一个观测站竟还测到每秒 100 米的瞬息风速，为世界当今最高风速！除了下降风之外，在南纬 65 度附近一圈还有强劲的东南风以及环绕南极的气旋大风；在南大洋南纬 50 度附近还有世界著名的"咆哮的西风"

透明度最好的海
——马尾藻海

马尾藻海，地处北大西洋北纬 20 ～ 35 度，西经 40 ～ 75 度间广大的海域，由墨西哥湾暖流、北赤道暖流和加那利寒流围绕而成。面积 600 万～ 700 万平方千米，为一椭圆形。平均深度在 4500 米左右。由于海面生长着茂密的马尾藻，故名"马尾藻海"。

世界上的海大多是大洋的边缘部分，都与大陆或其他陆地毗连。然而，马尾藻海却是一个"洋中之海"，它的西边与北

美大陆隔着宽阔的海域，其他三面都是广阔的洋面。所以它是世界上唯一没有海岸的海，因此也没有明确的海区划分界线。

在马尾藻的海面上，布满了绿色的无根水草——马尾藻，仿佛是一派草原风光。马尾藻可提取褐藻胶、甘露醇等工业原料，有些种类幼藻可供食用或药用。在海风和洋流的带动下，漂浮着的马尾藻犹如一条巨大的橄榄色地毯，一直向远处伸展。除此之外，这里还是一个终年无风区。在蒸汽机发明以前，船只只得凭风而行。那个时候如果有船只贸然闯入这片海区，就会因缺乏航行动力而活活困死，所以一向被看作可怕的"魔海"。

在晴天，把照相底片放在马尾藻海 1083 米深处，底片甚至也能感光。湛蓝的海水像水晶一样。如此良好的透明度，在世界其他海域是见不到的，马尾藻海成为世界上透明度最好的海。

最浅的海——亚速海

世界最深的海是南大洋珊瑚海，最深的地方达到9174米，平均深度最大的海是南极洲附近的斯科舍海，它的平均深度为3400米，而世界上最浅的海是亚速海。

亚速海位于俄罗斯和乌克兰之间，面积为3.88万平方千米。平均深度只有8米，最深的地方也只有13米，是世界上最浅的海。海水的总体积为256立方千米，只有我国渤海的1/7。原来，使亚速海变浅的原因是河流泥沙的淤积。每年顿河都会把50万立方千米的淡水汇入海中。水中带来大量泥沙淤积下来。而亚速海像个瓶子一样，只有一个小口通向黑海。所以，水在上面流向黑海，泥沙沉入海底。由于亚速海太浅，所以一遇大风浪，海水便把海底淤泥卷起，呈现黄色或黑色，长期浑浊不清。

亚速海的南边是面积比它大11倍的黑海。通过刻赤海峡，这两个邻居可以彼此来往。亚速海很像黑海的一个港湾。

亚速海的海水含盐度是9～13.8，比黑海低很多，鱼产量大大超过黑海，

黑　海

　　黑海是欧洲东南部和小亚细亚之间的内海。东北以刻赤海峡通亚速海，西南经博斯普鲁斯和达达尼尔两海峡通地中海。面积42万平方千米，平均深度约1.315千米，南部最深处2.212千米。有多瑙河、第聂伯河等流入。盐度为17～22。冬季北岸结冰。

　　海中出产梭鲱、梭鲈、鳊等鱼类，是当地的重要鱼产区。

　　亚速海沿岸多泻湖、沙嘴，有顿河、库班河等注入，可通航。结冰期长2～3个月。

浩瀚的中国海

我国渤海、黄海、东海和南海四个海的总面积为470多万平方千米。

渤海三面环陆，只有东面与黄海相通。所以，又叫它"内海"。

渤海的生物资源很丰富，由于沿岸的河流多，像黄河、海河、辽河等都注入渤海，流进很多淡水，也带来大量的泥沙。泥沙使海变浅，淡水里有丰富的养料，给鱼、虾送来食物。

渤海还是我国开采海上石油最早的海，从1967年起开始建造平台钻探，现在那里还有多口石油井，为国家创造了财富。

渤海的面积约 7.72 万平方千米，平均深度约 18 米，最深处是 70 米，是四个海中最小、最浅的海。

黄海虽说比渤海深，仍是浅海。海水的温度变化不太大，是鱼、虾洄游的场所，一年四季都可捕鱼，也是我国重要的产盐区。黄海海底也埋藏着丰富的石油。黄海的面积约 37.86 万平方千米。平均深度约 40 米，最深处是 140 米。

东海自长江口北岸到韩国济州岛一线，向南至广东省南澳岛到台湾省南端一线。东海的海水温度比较适中，正是鱼、虾过冬的好地方，著名的舟山渔场就在这里。舟山鱼汛，一年中最大的有夏季的墨鱼汛，冬季的带鱼汛。

东海的面积约 79.48 万平方千米。平均深度约 370 米，最深处是 2719 米。

南海又叫南中国海，是我国四海中最大的一个海，水也最深，面积约 358.91 万平方千米，平均深度约 1112 米，最深处是 5377 米，是四个海中最大最深的海。

世界十个面积最大的海

珊瑚海——在澳大利亚东北同伊里安岛、所罗门群岛、新赫布里底群岛、新喀里多尼亚岛和切斯特菲尔德群岛之间。珊瑚海面积为 479 万平方千米。

阿拉伯海——在亚洲南部阿拉伯半岛同印度半岛之间。面积 386 万平方千米。平均深 2734 米，最深 5203 米。

南海——我国三大边缘海之一。面积 358.91 万平方千米。平均水深 1112 米左右。位居热带，在海底高台上形成很多珊瑚礁岛。

威德尔海——在南极半岛同科茨地之间。面积 280 万平方千米。北部海洋很深。

加勒比海——在北大西洋西南部大安的列斯群岛、小安的列斯群岛和中美、南美洲大陆之间。面积 275.4 万平方千米。平均深度 2490 米。盐度 34 ～ 37。

地中海——在欧、亚、非三大洲之间。面积 251 万平方千米。平均深度约 1500 米。盐度较高，最高达 39.5。

白令海——在俄罗斯堪察加半岛同美国阿拉斯加之间。面积 231.5 万平方千米。平均深 1640 米，东南部较深，最深达 5500 米。

盐度 30～33。

塔斯曼海——在澳大利亚同新西兰之间。面积 230 万平方千米。最深处达 6015 米。冬季表层水温北部 22℃，南部 9℃。盐度约 35。

鄂霍次克海——在千岛群岛同亚洲大陆之间。面积约 158.3 万平方千米。平均深 777 米。盐度 25～33。

巴伦支海——在欧洲北岸和新地群岛、法兰士约瑟夫地、斯匹次卑尔根群岛、熊岛之间。面积 140.5 万平方千米。平均深度 229 米。盐度 32～35。

死海不是海

死海的浮力很大，即使不会游泳的人也沉不下去，更淹不死。死海的浮力为什么这么大呢？

原来，死海里含有多种矿物质：有 135.46 亿吨氯化钠，就是食盐；有 63.7 亿吨氯化钙；有 20 亿吨氯化钾，另外，还有溴、锶等。

把各种盐类加在一起，占全部死海海水的 23% ～ 25%。水的比重大于人的比重。人一到海里自然就漂了起来，沉不下去，躺在水上看报便是轻而易举的事了。

死海是怎么形成的呢？据说，死海的形成是自然界变化的结果。在约旦和巴勒斯坦之间有一个南北走向的大裂谷，死海的位置就在这个大裂谷的中段，它的南北长 80 千米，东西宽 4.8 ～ 17.7 千米，海水最深的地方大约有 395 米。死海的水面低于地中海海面 398 米。

死海的水为什么含有这么多的盐类呢？

死海的水源是约旦河，还有东西两侧高山上的泉水，以及雨季流入死海的雨水。这三种水源，主要是泉水当中含有多种矿物质，都在死海里储存沉淀下来，经年累月，越积越多。由于这个原因，水生物在死海里是没法生存的，人们便叫它"死海"。

从上边叙述的这些，我们不难看出，死海不是海，而是个内陆湖，也是世界上最低的湖泊。但是，谈论海洋的时候，人们会很自然地想到它。

最大的海湾

海洋吞噬大陆，或是大陆吞食海洋，结果会在大陆边缘形成许多海湾。在世界范围内，总面积在 100 万平方千米以上的海湾有 5 个，而超过 200 万平方千米的海湾只有一个，那就是孟加拉湾。

孟加拉湾面积 217.2 万平方千米。平均水深 2586 米，最深 5258 米。盐度 30 ～ 34。有恒河、布拉马普特拉河等注入。

孟加拉湾是热带风暴孕育的地方。一般认为，这种风暴大多发生在南、北纬 5 ～ 25 度的热带海域。产生在西太平洋，常常袭击中国、菲律宾、日本等国的叫台风；产生在大西洋，常常袭击美国、墨西哥等国的叫飓风。每年 4 ～ 10 月，即当地夏季和夏秋之交，猛烈的风暴常常伴着海潮一起到来，掀起滔天巨浪，呼啸着向恒河—布拉马普特拉河的河口冲击，风急浪高，大雨倾盆，造成了巨大的灾害。

世界第二大海湾是墨西哥湾。它位于北美洲东

南，介于美国佛罗里达半岛、墨西哥尤卡坦半岛和古巴岛之间，面积 154.3 万平方千米，最深处 5203 米，盐度 33～36.5。

墨西哥湾地处热带和亚热带，是一个几乎与外洋隔绝的海域，水温较高，夏季可达 29℃，冬季也在 20℃左右。大西洋中的南北赤道暖流在墨西哥湾汇聚后，通过佛罗里达海峡流出。它进入大西洋后又和从赤道北上的另一股暖流汇合，便形成了墨西哥暖流。墨西哥湾西北与西部沿岸和附近大陆架，富藏石油、天然气和天然硫黄等矿藏。

海峡

浩瀚的海洋，连成一体，被陆地分割为四个大洋，大大小小的岛屿星罗棋布在洋面之上，分割着洋面，凡连接两个大面积水域的狭窄通道就是海峡。换句话说，海峡就是夹在两个陆地之间连接两个海或洋的狭窄水道。海峡是海上交通的走廊。但是，海峡成为海洋交通的咽喉是有历史过程的。在1.5万多年前，爱斯基摩人和印第安人就越过白令海峡从亚洲进入美洲；澳洲的土著居民在2.5万多年前由南洋群岛辗转往托雷斯海峡而定居下来。这时的海峡虽然已成为大陆之间、大陆与岛屿之间的交通捷径，但它还未成为海洋交通的要冲。

全世界的海峡成千上万，其成因也各不相同。例如，由于大陆漂移，非洲板块和欧洲板块相对运动，联结点处于张力的中心，被拉伸掰裂，使大西洋海水冲泻进入地中海而形成直布罗陀海峡；由于地层的陷落形成黑海海峡，这个海峡由博斯普鲁斯海峡—马尔马拉海—达达尼尔海峡三部分所组成，成为通向地中海的唯一门户；红海裂谷的扩张形成亚洲和非洲之间的曼德海峡；还有由于相对位置的变化，如火山形成的火山岛，珊瑚礁产生的珊瑚岛，大陆海岸的沉降等形成的一些

海峡。地球上绝大多数的海峡则是另外两种原因产生的。

一种是海底扩张在大洋边缘产生的岛弧—海沟体系。

形成海峡的另一个原因是第四纪冰期冰川的重压磨蚀产生的。

马六甲海峡是太平洋和印度洋交通的捷径，是亚、非、欧三大洲海上交通的要冲。由于苏伊士运河的通航，直布罗陀海峡、曼德海峡也具有洲际海峡的地位。

最长的海峡

海峡是海陆间的咽喉，在航运和战略上都具有重大意义。全世界海峡有 1000 个之多，适于航行的约 130 个，海运频繁的约 40 个。

非洲大陆和马达加斯加岛间的莫桑比克海峡是世界上最长的海峡，长 1670 千米，为马六甲海峡的 2 倍。平均宽 450 千米，最窄处386 千米，北端最宽 960 千米。大部水深 2000 米以上，最深 3533 米。

峡区有莫桑比克暖流通过，气候炎热多雨，两岸物产丰富，呈现一派热带风光。

据地质学家研究，在1亿多年以前，马达加斯加岛是和非洲大陆连在一起的。后来地壳变迁，岛的西部下沉，才形成了这条又长又宽的海峡。因为莫桑比克海峡既宽又深，所以能通巨型轮船。从波斯湾驶往西欧、南欧和北美的超级油轮，都是通过这条海峡，再经好望角驶往各地的，因此它是南大西洋和印度洋之间的航运要道。苏伊士运河开凿前，莫桑比克海峡是亚欧海上重要航道，苏伊士运河凿通后，由于该运河通行20万吨以上油轮尚有困难，莫桑比克海峡每年仍有2.5万只船舶从这儿通过。西欧所需的50%以上的石油和美国所消费石油的20%都需经这条航道运送。

莫桑比克海峡是世界十大海峡之首，其余9个是：马六甲海峡、鞑靼海峡、英吉利海峡和多佛尔海峡、麦哲伦海峡、黑海海峡、台湾海峡、托雷斯海峡、直布罗陀海峡、白令海峡。

海峡的地位

海峡的重要性是由其所处的交通位置、经济意义和战略地位决定的。所以，尽管全世界有大大小小成千上万个，但重要的海峡只有几十个。海峡的地位不是固定的，航线的改变、经济结构的变化，其重要性也相应起了变化。例如，巴拿马运河的通航使麦哲伦海峡失去洲际海峡的地位，却提高了加勒比海地区一些海峡的地位。苏伊士运河的通航使曼德海峡一跃成为洲际的海峡；马六甲海峡限制油轮的吨位，使超过 20 万吨级的油轮改航经过龙目海峡，提高了龙目海峡的地位；霍尔木兹海峡重要性是由于波斯湾是世界最大的

石油输出的地区，因此它的战略地位被称为"喉血管""咽喉""生命线"，据估计，每年将有 2.4 万船次在这些水域航行，每隔 10 分钟就有一艘油轮经过。

为了缩短运输航程，在海洋之间狭窄的陆地沟通两侧的海洋，开凿了人工海峡，如苏伊士、巴拿马、基尔、科林斯等四条运河。最重要的是跨越亚非两洲之间的苏伊士运河和南北美之间的巴拿马运河，这两条运河大大缩短了海上的航线，意义十分重大。

苏伊士运河是沟通大西洋和印度洋的一条重要航道，于 1869 年凿成通航，大大缩短了从欧洲到印度洋沿岸和太平洋西岸各国的航程，是一条具有重要战略意义和经济意义的水道。每年通过的船只约 2.8 万艘。

不断变动的海岸线

大约在公元前 220 年，秦始皇为寻觅长生不老药，曾派方士徐福带了童男童女千人，去东海寻找蓬莱仙岛。为此曾在渤海岸边上修筑了一座千童城，作为这些儿童的临时住所。据查考，这个千童城的故址在今山东省阳信附近，而现今的阳信城距海岸竟有 90 千米之遥，可见 2000 多年来，这里的海岸线向海伸展了近 100 千米，平均每年外伸 50 米。又如天津在元朝以前还是海滨的一片芦苇丛生的滩地，到了元朝设海津镇，而今天的天津已距海岸 50 千米了。

什么原因使得海岸线的位置在不断变化着呢?

气候的急剧变化，引起的世界洋面水位的升降，是造成大范围海岸线变动的原因。曾有人做过粗略的估计，单是目前南极和格陵兰岛两处冰盖全部融化，地球上的海面将升高 90 米，那时，滔滔东海的浪头将直指南京的钟山山麓。海岸线在冰期、间冰期中变化幅度是很大的。

地壳的升降运动是造成局部地区海岸线变化的又一因素。如果沿海的某一地区处于地壳隆起带，那么，海岸线就会向内陆退缩；反之，海岸线向海中伸展。海岸线的变动，对于建港、国防工事的设置、海塘修筑等关系极大。研究海岸线变动的原因，预测海岸线若干年后的动态，是有关国计民生的一件大事。因此，近年来，研究海岸线变化，探索海岸平衡剖面机理，预测海岸变动动态的一门新兴学科——海岸动力地貌学正在迅速发展。

海上的明珠
——岛屿

散布在汪洋大海之中的岛屿，尽管数量巨大，五光十色，但从形成原因来看，大致可分为大陆岛、火山岛、珊瑚岛和冲积岛。

大陆岛在远古的时候曾经是大陆的一部分，此后由于海水的上涨，或者地层的下降，使它和大陆分隔开来，形成岛屿。这种岛屿往往就在陆地附近，它的岩石构成和地表形态同邻近的大陆十分相似。

火山岛，顾名思义，它的形成与火山活动有密切关系。宁静的大海底部有时会突然发生火山爆发。一时间，炽热的岩浆和气体，连同沸腾的海水一道冲天而起，伴随着发生了海啸。这些火山喷出的熔岩和其他碎屑物质在海底不断堆积，最后竟然露出水面，形成火山岛。我国的澎湖列岛就是这样形成的火山岛群，由大小 64 个岛屿所组成。

我国辽阔炎热的南海海面，散布着宝石般的岛屿、暗礁和暗沙。这些都是无数代珊瑚虫的"杰作"。它们在 3000 万年的漫长岁月中，

逐渐形成了我国南海诸岛。

　　我国的长江日日夜夜挟带着巨量的泥沙奔赴东海。江水一进入海洋，海潮的顶托使长江的流速大为减小，于是河水中所挟带的泥沙便在江口沉积下来。同时，长江的淡水和东海的咸水相遇后发生了化学变化，江水中原来悬浮着的胶体物质凝聚沉积下来，加速了沙洲的形成。长江每5年就可以把1立方千米的泥沙带到海口。这种由江河带来的泥沙所冲积成的岛屿，叫作冲积岛。

海洋中的淡水

传说八仙过海时，众神仙在神舟上饮酒作乐，各显神通。舟行至海中，大家感到口干舌燥，又苦又咸的海水不能入口，于是神仙们在海中筑一铜井，取出甘甜味美的淡水，从此便给后人留下了"铜井"。神话是虚构的，但"铜井"确实有。闻名天下的蓬莱仙境的十景之一——"铜井含灵"，就是有名的海中淡水井。

在北美佛罗里达半岛的东海岸也有一片水域，其颜色、温度都与周围海水大不相同，后来发现这是海中一淡水区，于是，过往船只常来此补充淡水，人们把它称为"淡水囊"。据考察，这个区域的海底是个小盆地，盆地中央有一水势极旺的泉眼，每秒钟大约喷出 4 立方米的淡水。

在非洲西海岸航行的船只，也能在刚果（扎伊尔）河以西几十千米的大西洋中取得淡水。原来，刚果河流域所在的刚果河盆地，正处在赤道附近，降水非常丰富，这就

为刚果河提供了充足的水源；盆地四周许多条河流的水都汇注到刚果河中，众水合聚，流量大增。刚果河的长度为 4640 千米，河口处每秒钟流出的水约 4.13 万立方米。刚果河的下游，河床又窄又陡，汹涌的河水就像脱缰的野马直向大西洋冲去，源源不断的淡水涌进大西洋的怀抱，于是就在洋面上形成了一片淡水海区。

大海不能干涸

大海有时波涛汹涌，有时微浪荡漾，有时岸边的海水退落了，露出湿漉漉的沙滩；有时又可看到海水涨起来，把露出的沙滩重新淹没。但是，无论海水怎样运动，时涨时落，科学家认为世界大洋的水是永远也不会干涸的。

那么，为什么说海水不会干涸呢？这要从自然界水分的循环说起。

海洋像一只无比巨大的"气锅"，在太阳照射下，不断地蒸发。据估计，每年从洋面上蒸发到空中去的水量，达到44.79万立方千米。这些水蒸气极大部分（约41.16万立方千米）在海洋上空凝结成为雨，又重新降落回到海洋里。另外有极小一部分蒸汽被气流带到陆地上空，在适当的条件下凝结，变成雨雪降落下来。这些降落到陆地表面的水，一部分渗入地下，变成地下水；一部分重新蒸发回到空中；一部分沿着陆地表面形成小溪和江河。它们在陆地上虽然经历着不同的旅程，但是归根到底，最后还是注回海洋。这一部分参加海陆间水分循环的水，每年大约有3.63万立方千米。

如此算来，在现代的气候条件下，大洋里的水每时每刻都在不断变化着、运动着，但它的总量却不会有多大变化，根本不会干涸。

不过，在地球发展的漫长历史过程中，海水的深浅是会变化的。气候变冷的时候，地球上参加水分循环的水大多凝结成冰，流回海洋中去的水减少了，就引起海面降低，使海水变浅。在气候变暖的时候，大陆上的冰雪融化得很多，大量的水流进海洋，海面上升，海水会变深。

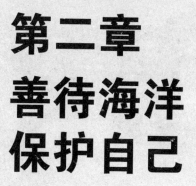

第二章
善待海洋
保护自己

20世纪以来，特别是第二次世界大战后，环境污染问题日趋严重。现代工业污染环境的特点是：数量大、范围广、危害严重。

污染损害海洋环境的物质种类很多，例如：石油、重金属、农药、放射性物质等。

此外，热废水、固体废物等也会污染损害海洋环境。

只有善待海洋，才能更好地保护人类。

冰山与航海

1912年 4 月 10 日，英国刚刚建造起来的"泰坦尼克号"大型邮船开始了处女航行：从英国南安普顿港驶往纽约。"泰坦尼克"号以每小时 26 海里（1 海里 =1.852 千米）的速度破浪前进。不幸的是这艘满载 2500 多人的豪华巨轮驶进达纽芬兰岛附近的海面时，撞上了冰山，整个船体沉入大海，死亡 1517 人，是震惊世界的海难事件。

航海史上的冰海沉船可以说不乏其例，意大利"圣玛丽亚皇后号"大邮船也是碰上冰山而沉没的。

冰山是怎么形成的呢？在南、北极地带，数千年的降雪堆积，使一层积雪增密并转变成冰。当冰充满峡谷时，形成了宛如江河弯弯曲曲的冰川。冰川倘若具有江河一

样的倾斜度，就会向海边移动。不过，它移动的速度相当缓慢，只有河水流速的万分之一，最后总是会移伸到大海之中的。由于风浪的机械和热力作用，冰川会被折断成无数冰块，形成一座座冰山。

在海洋移动的冰山体积大，惯性也大，凡是跟它相遇，结局都是异常悲惨的。

然而，人们对巨大的冰山并非束手无策。海员们在长期航海实践中积累了大量预测冰山临近的经验。随着冰情科研预报工作的开展以及造船工业、航海技术水平的不断提高，碰冰事故正在日趋减少。特别是海洋卫星的问世，同时为航海业、航运业带来了福音。

事实已经证明，对危及航海的冰山，人们不仅能够征服它，而且还可以用它来为人类造福，化害为利。

海洋变暖对生态系统的影响

海洋温度记录表明，20 世纪 50 年代初，从美国加利福尼亚州圣迭戈北部到旧金山，海洋温度开始出现逐渐上升的趋势。大约在 1976 年以后，突如其来的太平洋热带海域"厄尔尼诺"现象使暖水向北涌去，加利福尼亚沿海海洋温暖上升的趋势加快。据统计，20 世纪 50 年代以来加利福尼亚洋流的温度上升了 1.2 ～ 1.6℃。

生态学家说，海洋变暖造成浮游动物急剧减少，从而使食物链中断，这可能成为近年来鱼类资源和海鸟数量减少的原因。目前，科学家正在研究海洋温度上升究竟是数十年长期自然变动的结果，还是温室效应引起的海洋长期变暖趋势。这两种理论各有各的道理。科学家认为，如果海洋温度上升是自然循环的一部分，那么它会自身调节，恢复正

常；如果是人为因素引起的，那么人类将面临极大的威胁。如果全球气候继续变暖，加利福尼亚洋流出现的种种变化可能就是其他海域的先兆。

　　加利福尼亚洋流经俄勒冈向南流向加利福尼亚沿岸，沿途受上涌流影响。驱动洋流流动的盛行风掀走表层水，卷起深海养分丰富的冷水。上涌流为浮游生物密集繁殖提供了大量的养分，浮游生物又为其他海洋生物提供了食物。但是，当表层水变暖时，它就像盖子一样覆在上层水面，阻止了深层的冷水涌到海面。结果，涌到海面的上涌流是从较浅的深度涌起的，所含的养分比较少，造成生物繁殖能力大为下降。

海平面上升以后

地球正在变暖，威胁着全球的环境。煤、石油和天然气等化石燃料的燃烧，会排放大量的二氧化碳；森林的乱砍滥伐也增加了大气中的二氧化碳。二氧化碳是产生温室效应的罪魁祸首，其他 39 种已知的温室气体对全球变暖也产生一定的作用。

在过去的 100 年内，大气中二氧化碳的含量已增加约25%。在这期间，全球平均气温已增加 2～6℃，海平面上升约 12 厘米。

海平面上升会产生什么后果呢？全世界有一半的人口生活在沿海地区，其中最贫困的人民受害最大。

科学研究表明，在尼罗河三角洲，海平面上升，埃及 1/5 的可耕地将被淹没，孟加拉国 1/6 的土地将被淹没，威胁着居住在那些地区 2200 多万人的生存。

许多国家需要采取行动，保护沿海和海湾，全世界许多港口城市可能受到影响，其中有布宜诺斯艾利斯、加尔各答、伊斯坦布尔、

雅加达、伦敦、洛杉矶、马尼拉、纽约、里约热内卢和东京。

　　首当其冲遭受灾难的是那些低岛屿国家，如马尔代夫。除非及时组织防护，否则那些国家将从地球表面上消失。

　　海平面上升会加速沿海侵蚀，毁坏排灌系统；地下水、河流、海港和农场的咸水水位将会上升。渔业和野生生物生活环境会遭到破坏或者消失。农场的破坏，淡水的盐碱化最有可能发生。潮汐和风暴会冲毁海滨，并吞没整个沿海地区。一些沿海地区会受到人口暴增、污染、洪水泛滥和地表水锐减的压力。

海平面上升的危害

海岸侵蚀加强，海平面上升，基准面相应提高，将会改变海岸带剖面的重新塑造。在过去几十年中，全球大部分砂质海岸处在侵蚀后退之中，除了河流输沙量减少和人工采沙量增大之外，海平面上升是一个重要原因。山东半岛是我国平直沙质海岸发育的主要岸段之一，近几十年来，每年海岸蚀退2米左右，这一侵蚀速度远高于世界同类矿砾质海岸的蚀退率。

灾害性风暴潮频率增大。20世纪80年代以来，热带气旋（台风）有北移趋势，影响沿海地区的风暴潮已波及江、浙、沪乃至鲁、冀

等省市。若海平面不断升高，对海岸带沿岸地区的威胁更大。

沿海低地将沦为沼泽地。我国沿海低地平原分布广泛，如渤海湾西岸平原、苏北平原、长江三角洲平原等。在各大河口口外海滨有为数可观的新围耕地。这些平原和新围地对海面变化极为敏感，一般都是易涝低地。倘若海面上升，以上这些低洼地都将沦为泽国或盐碱化严重的沼泽地。

海洋资源损失。我国滩涂面积宽广，据海岸带综合调查统计，沿海各省市的滩涂面积总数约 1.675 万平方千米。这一望无际的滩涂蕴藏着丰富的动植物资源和珍贵的滨海空间资源，是发展养殖业、水产业、海洋渔业、盐业、旅游业以及围垦新地的极好自然资源。海平面上升将大幅度减少现海堤外侧的滩涂资源。

海洋的污染

石油被人们誉为工业的"血液"，近代工农业生产、日常生活都离不开它。但是，目前由于沿海油田炼油厂含油废水的排放和原油的流失，海上油井井喷以及河流带入等，每年进入海洋的石油多达1000万吨。

海洋石油污染的危害是极其广泛和严重的。绝大多数海洋生物，无论是翱翔海空的海鸟、悠然欢游的鱼儿，还是深居海底的底栖动物，都难以逃脱石油污染带来的灾难。必须指出，石油污染对生物最严重的危害是，它可以改变或破坏海洋环境中正常的生态系统，导致海洋生物群落的衰退。所以遭受石油污染危害的海区，即使不再继续遭受新的污染，最少也需要5～7年时间才能使该海区的生物重新繁殖起来。海洋中的石油不仅黏附和损坏了网具，妨碍了操作，破坏了渔业生产，还使优美的海滨环境受到严重影响。海面浮油聚集在一起还容易引起火灾，威胁着海港码头或船舶的安全。

　　比重大于5的重金属是造成海洋污染的另一"祸首"，其中主要有汞、镉、铅、锌、铜、铬等。它们大都来自冶金、金属加工、纺织、油漆、制盐、医药、农药、化工、矿山等工业部门。当海水中重金属超过一定量时，就会造成各种危害。大多数重金属对鱼贝等海洋生物有毒效作用，甚至引起死亡。有些海洋生物能富集重金属，人类如长期食用富集重金属的海产品，就会有各种疾病发生。

最大的海洋油污染事故

相伴石油工业的迅速崛起，超级油轮应运而生。但是，由于油轮的搁浅、触礁、碰撞、火灾、爆炸、沉没后，油柜破裂而发生大量溢油，每年约 70 万吨，占每年各种形式污染海洋的石油的1/3。

1978 年 3 月，满载着优质的伊朗和沙特阿拉伯原油的"阿莫戈·卡迪茨"号超级油轮，从伊朗的波斯湾向荷兰的鹿特丹驶去，不幸在法国西北部的布雷斯特海区触礁失事，所载 22 万吨原油几乎全部倾泻入海。这是世界历史上最严重的溢油事故之一。

沿海渔业至少在这一年内受到毁灭性摧残。更大的灾难是生态系统遭到破坏。浮游生物、海藻、蠕虫、蟹类、软体动物等都死去，以这些生物为食的鱼类和鸟类也受到严重的影响。例如，生活在海岸的鸬鹚、海鸥和鲣鸟，死去了 1.5 万～2 万只。由于这次油污染事故，法国莫尔莱海湾有 9000 吨牡蛎死去，政府宣布这些污染的牡蛎不宜作为食用出售。油轮失事后的头几天，由于强烈的西风和西北风的驱赶，造成厚厚的溢油沿布列塔尼海岸向东进，使大约4300平方千米面积的水面蒙盖上一片滑溜溜的棕色油层。

更为严重的是，原油遗留的残毒在海滩底部可留存好几年，如1967年"托雷·坝永"号油轮遇难泻海的油毒，科学家在1978年春天检查海湾底部泥土时发现还残存着。这种油毒的残存可阻止生物再度开拓移入。所以，在原油污染区要恢复生态系统平衡需要许多年的时间。

海难油船对海洋生物的影响

全世界每周平均发生两起油船失事。每年因油船失事流入海中的石油大约有 50 万吨。由于在较短时间内把大量的石油突然倾泻在海洋里，对海洋生物资源造成很大危害。波罗的海在 10 年中有大

约2.5万只海鸟死于油污染，英国沿岸更多达15万只；海獭、麝香鼠等体表有毛的海兽，由于油污染使毛被粘住而丧失其防水性与保温能力；而鲸、海豚等体表无毛的海兽，往往由于油块堵塞住它们的鼻孔或喷水孔而窒息死亡。发生在美国的圣巴巴拉油污染事件，导致大批海象、海狮、海豹死亡或伤残。在日本的四日市，由于石油污染附近海区，使鱼类发出一股强烈的油臭味，在以港口为中心，半径2千米的范围内，各种鱼都有臭味。

海洋石油污染不但影响了海洋生物的栖息、生长、繁殖，而且

通过生物界的食物链严重威胁着人类的健康，由于鱼、贝类中的有毒物质积蓄，人食用后可引起中毒而出现各种临床症状，甚至死亡。因此，海洋石油污染问题已越来越引起人们的重视，各国都采取积极措施预防和治理。

美国海上溢油应急公司用3年时间设计出高科技对付突发性海上漏油事故新系统。海上溢油应急公司的技术核心是设在岸上的溢油处理系统，它可以根据海岸地形、潮流、气候、水深、海洋生物和鸟类习性方面的信息加以协调。

风暴潮

夏、秋之交，正是台风侵袭沿海之时，岸边海水急剧堆积，往往会形成风暴增水。若再与海洋中的潮汐变化相配合，就会引起异常高潮出现，并伴有巨大的拍岸浪，加剧堤岸的溃毁。有时还顶托洪水下泄，造成外淹内涝、纵深范围更大的灾害。

风暴潮能造成巨大的灾难。1970年11月12日，印度洋上的一次大旋风，在孟加拉湾恒河三角洲一带引起高达10米以上的高潮位，暴潮犹如一堵高耸的"水墙"滚滚袭来，昼夜之间30万人死于非命。1959年9月26日，袭击日本沿海的15号台风，在伊势湾掀起了3.5米的增水，使高潮位达到7米，造成7.5万人伤亡和失踪，

36万平方千米的土地面积受淹。在欧洲北海沿岸诸国，人们提起风暴潮犹如谈虎色变。1953年2月1日，大范围的温带气旋风暴潮使荷兰死亡2000多人，举世闻名的荷兰大堤多处决口，淹水面积数万平方千米，60万人无家可归。

近年来，我国沿海地区的风暴潮有增加的趋势，2～6米的增水峰值时有出现。各地年最高潮位的纪录不断由于风暴潮的发生而被突破，灾害程度也十分严重。长江三角洲沿海一带，历年最高潮位的纪录呈现上升的趋势。因此沿海地区各行各业均应对此有足够的重视。

20世纪70年代初，我国开始大面积的风暴潮预报，在减轻乃至防范风暴潮危害方面取得了积极成果。一般情况下，我国已能对较强的风暴潮进行及时、准确的预报。

赤潮

你见过红色的海吗？当然，这里所指的不
是红海，指的是赤潮。

赤潮，曾在许多海面多次出现过。有
的红色海水的化学耗氧量竟升高了很
多，比一般海水高出许多倍；氨氮、
磷酸盐、铁等的含量，也分别比正常状态下高出几倍
到几十倍。在这看不见生物的海水中，科研人员发现水中仅有
的生物是双甲藻（浮游生物），每毫升中即有 70 多万个，而一般海
水中它们的为数尚不足 10 个。出现这种情况，海水就要变红了，人
们叫它"赤潮"。

为什么会发生赤潮呢？主要原因是当水体中进入大量的有机物
和氮、磷、铁、锰等元素时，明显地增加了水中生物，尤其是浮游
生物生存和繁殖所必需的有机营养物质，再加上适宜水文、气象等
条件，促使某些浮游生物骤然大量繁殖起来，这种过量增加的浮游
生物叫作"赤潮生物"。

当赤潮生物急剧增殖之时，由于水体中有限的溶解氧被消耗，
造成其他水生生物无法生存，只好逃遁或死亡；当赤潮生物过量时，
其本身也无法存活。更为严重的是，赤潮生物往往还能产生某种毒
害物质，致使水体更加恶化，使水产捕捞和海产养殖业受到极大破坏。

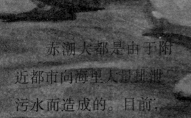

　　赤潮大都是由于附近都市向海里大量排泄污水而造成的。目前，人们普遍把赤潮作为海湾遭受有机物污染的警报信号，从而为防治海洋污染进行新的、更加深入的探索，为保护蓝色海洋的生态环境提供科学依据。

　　防止赤潮最根本的办法就是禁止排放未加处理的污水。处理污水的方法多种多样，最普遍的方法是将污水排入氧化塘内，塘中的细菌可将污水中的有机物质分解掉。

海底噪声

海底噪声是怎么形成的呢？

首先是远洋运输业的发展使商船船队规模越来越大，船只吨位也不断增长，万吨轮的引擎及推进器可在水下产生 100 分贝以上的噪声。太平洋海域的南部由于少有航道分布，噪声水平就较低，通

常不到 60 分贝，这个概念相当于夜晚草原上虫鸣的程度。而北太平洋航道相对多一些，商船过往频繁，那里的海牛为避开航道周围的噪声不得不舍弃世代生息的水域，易地求生。

随着石油工业向海洋的延伸，海洋世界又面临了新的噪声污染。例如目前世界上最大的海底石油产区北海油区已成了全球噪声最大的海域，钻井平台上的金属撞击，大马力钻机导致的平台框架的颤动，使周围水域的噪声高达 180 分贝。

在轮船的引擎和推进器发生的人造声音对海洋造成日益严重污染的同时，美国海军现在专门用来跟踪船只的低频声呐系统又成为一种新的海洋污染。这种低频声呐系统频率在 75 ～ 1000 兆赫之间，发出的噪声高达 230 分贝。

鲸鱼和海豚在水下凭借低频声波与数百海里外的伙伴相互沟通，靠声音寻找食物、躲避天敌。然而，人类给海洋的噪声越多，鲸鱼和海豚就越难从中辨别出它们要找的声音。

地球生命来自海洋，人类栖身陆地以后仍离不开大海的恩泽。随着对海洋研究的不断深入，人类保护海洋不受污染已刻不容缓。

拯救我们的海洋

地球上 80% 的生物栖息于海洋，海产品目前为人类提供 22% 的食用蛋白质，全球有超过 60% 的人类居住在离海洋仅几千米的范围内。

在过去的 100 年间，人类不顾后果地从海洋里攫取了几十亿吨的生物资源，又向里面倾倒了几十亿吨的有毒物质。目前，海洋生物多样性已受到来自五个方向的严重威胁：对海洋物种的过度开发，对海洋生态系统的改变，污染，引进外来物种破坏本地的食物链和全球气候变暖。

由于污染、破坏性捕捞和生态系统的改变，大约有 10% 的珊瑚礁已被破坏殆尽。由于人们倾倒垃圾和废物而导致缺氧的"死亡水域"正从河湾地带向海洋迅速蔓延。

环境污染与生态破坏无论在陆地还是在海洋，受害最深的将是位于生态系统最高层的人类。由于地球本身对海洋的依赖，反过来

海洋也极大地影响到地球上的气候、环境与人类的生活。

近年来，联合国在大力推行全球生物多样性保护行动的同时，将 1997 年"六·五"世界环境日的主题定为"为了地球上的生命——拯救我们的海洋"，旨在使每一个人都认识到"海洋与人类生存密切相关，海洋物种减少，人类的生存就会受到威胁"。

海洋污染的
防治

海洋污染的特点是：污染源广，危害大，持续时间长，可以扩散全球。人类活动所产生的一切废弃物，不论是放进大气中、堆积在陆地上，还是排泄在江河里，由于风吹扩散、降雨冲刷和江河奔泻，结果总是把那些大自然"消化"不掉的废物统统归于海洋。海洋只能接受一切外来的污染物，而不能再把污染物转嫁到别处去。海洋不是对所有的污染物都有自净力的。例如滴滴涕进入海洋后，经过十几年甚至几十年的漫长时间，海洋也只能将它们"消化"掉一半。

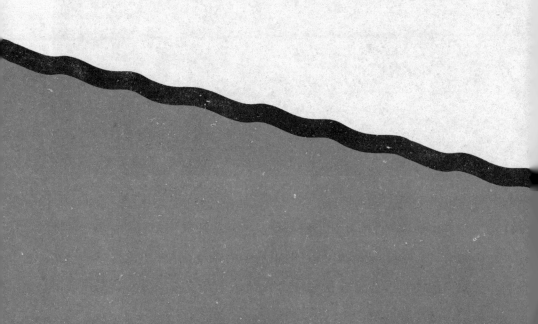

想要做好海洋环境保护工作，要做到以预防为主，控制现有污染，防止新的污染，将各种污染物排放量限制在海洋自净力所允许的范围内。

首先是做好调查和监测，在调查和监测工作的基础上，需要对海洋污染源加强管理。对沿海现有的油田、海底采油、炼油厂及其他工矿企业，应采取有力的改造措施，改革原有不合理的工艺流程，使"三废"中的有害物质消灭在生产过程中，排放的污染物不得超过规定的标准。新建厂矿要做到主体工程和"三废"处理工程同时设计，同时施工，同时投产。

海洋污染涉及国际问题，防止海洋污染不是一两个国家可以做到的。我们相信，只要各国通过协商，共同制定出一个有利于国际海洋环境的保护条约，共同采取有力的保障措施，世界性的海洋污染问题是可以逐步解决的。